AF474195

# RELATION
# D'UN VOYAGE
# CHEZ LES MOÏS

PAR

ARTHUR DELINGETTE

Garde principal de première classe de la garde civile indigène
de l'Annam et du Tonkin
Membre de la Société de Géographie de Paris

PARIS
SOCIÉTÉ ANONYME DE L'IMPRIMERIE KUGELMANN
12, rue de la Grange-Batelière, 12

—

1895

# RELATION D'UN VOYAGE CHEZ LES MOÏS

# RELATION

# D'UN VOYAGE

# CHEZ LES MOÏS



PAR

ARTHUR DELINGETTE

Garde principal de première classe de la garde civile indigène
de l'Annam et du Tonkin
Membre de la Société de Géographie de Paris



PARIS
SOCIÉTÉ ANONYME DE L'IMPRIMERIE KUGELMANN
12, rue de la Grange-Batelière, 12

1895

# RELATION D'UN VOYAGE

## CHEZ LES MOÏS (1)

---

Deux missions déjà avaient échoué dans leur tentative de pénétration en pays Moïs, entre Tourane et Kon Tum ; notamment, celle du capitaine Decréjoulx qui, après quelques jours de marche dans l'intérieur de ces contrées, avait été contrainte de rétrograder brusquement devant l'hostilité de ces peuplades, abandonnant vivres et bagages.

Mais on ne se tenait pas pour battu et une troisième expédition fut organisée sous les ordres de M. le lieutenant Garnier, inspecteur de la garde civile indigène ; elle devait rechercher une route qui, au dire des Annamites, aurait existé autrefois ; elle coupait, paraît-il, à travers les montagnes se profilant entre Tourane et la province de Quang-Ngaï ; puis l'expédition devait continuer sa route sur Kon Tum, c'est-à-dire au centre de la tribu des Banhars

(1) *Moïs*, mot annamite qui signifie : *Sauvages*.

et de la Mission catholique dirigée par l'intrépide missionnaire, le R. P. Guerlach, et c'est là aussi où elle devait rejoindre une partie de la mission Pavie.

Le 25 février 1891, nous quittions donc Tourane et gagnions rapidement Tramy, village annamite situé sur la frontière du pays Moïs et où se fait un commerce important de canelle.

C'est à Tramy que le convoi s'organise définitivement. Nous y recrutons les coolies qui devront marcher sous la conduite d'un caï coolie ; nous enrôlons également un Lan-Boun (1) qui nous servira d'interprète pour l'idiome Moïs ; bref, l'escorte de M. le lieutenant Garnier se compose d'un sergent indigène et de seize linhs (2), sous les ordres du garde principal. Delingette.

C'est avec ces forces que l'expédition se mit en route le 8 février, à midi. Les difficultés d'une marche à travers un terrain boisé enchevêtré de lianes et d'arbustes, fréquemment sillonné de torrents dont parfois il faudrait suivre le lit, nous obligèrent à répartir les bagages et provisions en ballots de 20 kilogrammes en moyenne par coolie.

Ces coolies portent ordinairement la majeure partie des bagages et des vivres deux à deux, au moyen d'un bambou, dont chaque extrémité repose sur l'épaule de l'un d'eux, mais pour cette fois ils durent rompre avec cette habitude séculaire.

Après une marche accomplie au milieu des plus grandes privations et rendue plus fatigante encore tant par les difficultés d'un terrain très accidenté

(1) Annamite s'occupant spécialement des échanges entre Moïs et Annamites.

(2) Soldats.

que par le mauvais vouloir des Moïs à nous renseigner sur la route à suivre, nous parvenons, grâce à la boussole, à gagner Kon Tum que nous atteignons le 29 mars, après avoir traversé l'une des peuplades les plus belliqueuses des Moïs : les Sédangs. Il était temps, car il ne nous restait pour tout potage qu'une boîte de fromage, et nos malheureux coolies et troupiers s'étaient vus, depuis trois jours, réduits à miration.

Le règlement de la marche était simple : on marchait pendant quatre jours complets, puis le cinquième on faisait halte dès onze heures du matin ; l'après-midi était consacrée au lavage des vêtements, à leur réparation, à la pêche à la main et à un repos bien mérité.

Le lendemain de notre arrivée à Kon Tum se trouvait être la fête de Pâques, et nous assistâmes à une messe militaire avec tous nos troupiers, au grand ébahissement des indigènes de la localités et à la vive satisfaction du R. P. Guerlach.

Les deux jours suivants furent consacrés au repos dont tout le personnel avait le plus grand besoin. On s'occupa également de centraliser tous les renseignements que l'on put recueillir, tant au sujet des différents membres de la mission Pavie engagés dans cette partie du Laos, que sur les agissements des Siamois.

Sur ces entrefaites, des coureurs Moïs et Annamites envoyés par le R. P. Guerlach pour se procurer des nouvelles des capitaines Cupet et Cogniard rentrèrent au camp de retour de leur mission, et voici les renseignement qu'ils nous fournirent. Le capitaine Cupet était reparti dans l'ouest, dans la direction de Bassac ; quant au capitaine Cogniard, il leur fut impossible de communiquer avec cet officier qui avait continué sa marche pour porter secours à M. Cupet, auquel cas ce dernier, au sujet duquel on était très inquiet, en eût eu besoin.

Le troisième jour, c'est-à-dire le 3 avril, nous faisons nos préparatifs de départ, pour nous conformer à un avis laissé par le capitaine Cupet; d'après ce bulletin,il s'agissait de pousser une reconnaissance vers le nord-ouest du côté de Dak Rödé, pour lever le pays et y exercer une active surveillance.

D'autre part, quelques commerçants Moïs venant de ces contrées nous persuadèrent également de l'utilité d'une expédition vers ce point du pays; ils nous apprirent, entre autres, qu'une bande de Siamois et Laotiens s'était rendue à Dak Rödé pour y exiger un impôt sous le fallacieux prétexte que ces tribus se trouvaient sur le territoires siamois; ceci était faux, car cette région, qui formait autrefois l'apanage des rois d'Annam, est aujourd'hui territoire contesté et conséquemment neutre (1).

Ces malheureuses peuplades, se sentant appuyées d'une part par la mission Pavie et de l'autre par l'arrivée d'un fort détachement de garde civile indigène à Kon Tum, se refusaient actuellement à payer la totalité de cet impôt injuste.

Une intervention s'imposait pour la défense de l'opprimé et le 3 au matin, nous nous mettions donc en route vers Dak Rödé. Le R. P. Guerlach, non content de nous servir tout à la fois de guide et d'intérprète, avait bien voulu nous procurer tous les moyens de transport nécessaires, entre autres les

(1) Placé sous le protectorat de la France depuis les dernières opérations dirigées contre le Siam.

éléphants porteurs appartenent à la mission catholique.

Après avoir traversé une douzaine de villages, où nous sommes toujours très bien accueillis par la population sauvage, nous arrivons à Dak Rödé, le 4 au soir, et là, à notre grande surprise, nous apprenons que les Siamois, terrorisés par notre approche, ont battu en retraite, abandonnant leur poste.

Dak Rödé est, de tous les villages de la tribu des Halangs, celui qui a le plus d'importance ; c'est là en effet qu'est établie la résidence du chef de la tribu D'jogoun et des principaux notables de cette peuplade.

Le soir de notre arrivée, les deux ou trois cents habitants qui composent le village de Dak Rödé se réunirent pour fêter la mission de M. Garnier ; inutile de dire que le R. P. Guerlach eut sa large part des honneurs, car les Moïs aiment et respectent cet intrépide missionnaire.

Le lendemain matin, nous nous portons vers le camp siamois qui se trouve établi sur le Dakchir, à 2 kilomètres de là. Ainsi que nous l'avons dit plus haut, ce camp avait été abandonné à notre arrivée par les Siamois ; nous nous y installons d'une façon sommaire, et M. l'inspecteur Garnier s'occupe aussitôt de mettre ses travaux à point. Il est entouré d'une foule de sauvages auxquels la curiosité a fait déserter leur caïnha ; il y a là des Moïs de Dak Rödé, des Moïs de Pleï Kram, des Moïs de Pleï Gia, bourgades distantes à peine de 1,000 à 1,200 mètres du poste.

Tout à coup, le soir, vers 5 heures 1/2, comme nous nous occupions de mille travaux divers, voici qu'un groupe de Moïs entre en coup de vent dans le poste : on eût pu croire à une agression, car ces sauvages tout couverts de poussière étaient armés en guerre ; il n'en était rien, ils accouraient simplement pour nous prévenir qu'une petite troupe d'hommes armés marchait vers le village de Pleï Kram ; étaient-ce des Siamois ou des Laotiens ? Ils ne purent nous le dire...

M. Garnier, après avoir pris quelques dispositions sommaires, partit dans leur direction, me laissant la garde du camp.

Notre attente fut de courte durée, car une heure à peine s'était écoulée que M. Garnier était de retour, et de retour avec les prétendus ennemis qui n'étaient autres que le lieutenant Dugast avec son interprète cambodgien, ses porteurs et quelques hommes.

Je dois dire ici que la vue du lieutenant Dugast me plongea dans le plus profond ahurissement, mais qui fit bientôt place à un sentiment d'admiration pour cet officier. Il était vêtu d'un kéo, sorte de grand paletot coupé dans une pièce de rideaux ; le fond qui en était bleu ciel était agrémenté de grandes fleurs rouges ; cet accoutrement donnait un aspect bizarre au jeune homme, qui, après un long séjour dans ces régions et de grandes privations de toutes sortes, s'était vu obligé de se tailler un vêtement dans une pièce de rideaux, figurant au nombre de ses articles d'échange. Le père Guerlach avait contribué pour quelque chose dans ce travestissement forcé, en lui fournissant une paire de bottes en cuir fauve.

On ne s'étonnera donc pas si les Moïs n'avaient pas distingué la nationalité du nouvel arrivant ; le casque n'avait pu les éclairer davantage, les officiers siamois le portant également.

Le lendemain matin, le lieutenant Dugast et le R. P. Guerlach nous faisaient leurs adieux et repartaient pour Kon Tum.

Pendant ce temps, M. le lieutenant Garnier s'occupait activement à prendre differents renseignements sur un aroyau(1) qu'il tenait à rejoindre. Une marche forcée de douze heures accomplie le lendemain en fut la conséquence; l'arrière-garde ne rentra au camp qu'à 9 heures du soir, harassée de fatigue, après avoir fourni une course de près de trois heures dans la plus complète obscurité, les torches faisant totalement défaut.

La journée qui suivit cette reconnaissance topographique fut marquée par le départ de M. Garnier. Il retournait à Kon Tum, espérant y recueillir des renseignements et des ordres pour de futures opérations. Il me laissait la garde du poste et des instructions qui me réservaient la plus grande initiative au sujet de ce qu'il conviendrait de faire dans la région.

En résumé, nous avions retrouvé un tronçon de la grande route qui au dire des Annamites reliait Tourane à la province du Quang-Ngaï; la partie par nous parcourue se dirigeait effectivement sur le Quang-Ngaï, ayant ainsi la direction N.-O.-S.-E.; mais nos instructions ne nous permirent pas d'en suivre longtemps le tracé, ce qui nous aurait trop écarté de notre itinéraire d'ensemble.

En somme, tout ce qui a été dit jusqu'ici n'est simplement qu'une préface ; les détails de cette expédition n'appartenant qu'au chef, M. Garnier; ce n'est

---

(1) Rivière.

qu'à partir de ce point que commence réellement ma mission, sujet de cette relation.

Me voici donc seul ! et d'autant plus seul que c'est la première fois que je me trouve aux prises avec ma propre initiative dans une série d'opérations tout à fait nouvelles. J'avais bien l'expérience des marches difficiles de la montagne, ayant séjourné pendant quelque temps dans les postes frontières de l'Annam dans le pays Muong (1), j'avais bien goûté l'âpreté de semblables expéditions faites toutes de fatigues et de privations, de solitude et de dangers. Mais le pays Moïs, ses habitants, ses mœurs, tout en un mot était nouveau pour moi, et pour bien d'autres aussi, car nous n'étions qu'aux premières phases de la pénétration française dans cette contrée.

Une note de mes instructions me donnait pour mission, si toutefois besoin était, d'établir un petit poste à Keuiong, situé au N.-O. de Dak Rödé et à une dizaine d'heures de marche de ce village.

Il fallait donc me rendre à Keuiong.

Pour cela faire, je me mis en relation immédiate avec le chef de la tribu des Halangs, D'jogoun, sur le territoire de laquelle se trouvait mon camp.

Moyennant quelques brasses d'étoffes rouges, quelques articles de Paris et quelques poignées de sel gris, je parvins facilement à obtenir des porteurs, nécessaires au transport des bagages, et le départ est fixé au lendemain 8 du mois : le chef de la tribu doit m'accompagner.

(1) Tribu bien différente des Moïs et qui occupe la chaîne de partage des eaux entre l'Annam et le Laos, à l'Ouest de la province de Thanh-Hoa, en remontant vers la frontière de Chine.

Au point du jour, à cinq heures sonnant, mes huit linhs et moi sommes prêts, mais ces messieurs les Moïs sont en retard, car pas l'ombre d'eux au cantonnement. Six heures, puis six heures et demie, sept heures et toujours personne ; je commençais à désespérer lorsque vers sept heures et demie quelques Moïs se présentent, puis toute la troupe; les uns ne portent aucune arme, tandis que d'autres sont armés en guerre; quant au chef, je me vois forcé de l'envoyer chercher et il arrive drapé dans toute sa dignité de sauvage.

On s'organise pour le transport des bagages et j'ai là une belle occasion de m'étonner : j'avais préparé les caisses et les ballots de façon qu'ils puissent être facilement transportés par les coolies ; jugez de ma stupéfaction lorsque je vois ces bons sauvages se mettre en devoir de défaire les ballots que j'avais si bien préparés pour s'en partager le contenu et former ainsi une escouade de vingt-cinq porteurs. Mais je n'étais qu'à la première de mes surprises ; les mœurs de ces peuplades devaient m'en réserver bien d'autres.

Une cinquantaine de Moïs armés en guerre vont escorter la colonne pour protéger les porteurs à leur retour de la tribu des Keuiongs où nous allons nous rendre. Cette précaution, qui pourra paraître exagérée à l'Européen, est ici de la plus stricte utilité, car ces tribus se font fréquemment la guerre et les malheureux sauvages qui tombent au pouvoir d'un parti Moïs d'une autre tribu, que l'on est toujours exposé à rencontrer, sont impitoyablement vendus comme esclaves aux Laotiens ou à ceux de leurs ennemis qui sont riches.

Enfin, à huit heures quinze du matin nous nous

mettons en route, nous traversons le village de Peleï Gia (1), puis ses cultures qui s'étendent assez loin et qui se composent de maïs, de patates, de riz, de tabac, de canne à sucre, de courges, etc. Vers onze heures, nous arrivons au pied d'une haute montagne couverte de forêts touffues qu'il nous faut gravir péniblement pour arriver au Dak Hadraï, où nous déjeunons à la hâte moi et mes linhs.

Les Moïs ayant déjeuné avant leur départ se reposent en nous attendant ou bien examinent curieusement nos conserves en esquissant de temps à autre des rires et des mimes d'enfant ; qu'il y a loin de là au masque blasé d'un civilisé !

Du point d'où nous le voyons, le Dak Hadraï n'est encore qu'un petit cours d'eau dont l'eau claire disparaît à droite et à gauche sous des arceaux de verdure ; à l'endroit où nous sommes, il forme au milieu de la forêt silencieuse un site charmant qui invite au repos, surtout après une escalade telle que celle que nous venons de faire.

Notons en passant que cette rivière sert en quelque sorte de frontière entre la tribu des Halangs et celle des Keuiongs : cette dernière tribu est le but de notre expédition.

Après une halte d'une heure et demie sur les bords sauvages du Dak Hadraï, neus reprenions notre route par une chaleur accablante. Mais bientôt la marche est interrompue brusquement : les sauvages qui sont en tête ont perdu le sentier ; la forêt vierge se développe ici dans toute sa splendeur, nous pénétrant tout entiers de son mystère ; ce n'est partout autour de nous qu'un fouillis inex-

(1) Peleï, village.

tricable de lianes et de plantes, vaste agglomération d'une végétation puissante dont le silence n'est troublé que par le murmure des sources qui se dérobent à nos regards.

On reconnaît enfin la direction, et armés du sabre Moïs et du coupe-coupe (1) nous nous frayons péniblement un passage au milieu de toute cette végétation.

Cette lutte dure près de trois heures, et il va sans dire que pendant ce laps de temps nous ne faisons que peu ou prou de chemin.

C'est alors que je m'aperçois que l'avant-garde nous a de beaucoup distancés.

Cela s'expliquait aisément, si l'on considère les difficultés sans nombre auxquelles j'étais en butte pour opérer le relevé topographique de la région; nous forçons l'allure autant que le travail peut nous le permettre et nous rejoignons bientôt notre monde qui, sans façon aucune, est bravement installé sur le lit du Dak Kal.

Le lit de ce cours d'eau, presque à sec, se montrait à souhait pour une halte; mais je ne comptais pas m'arrêter en cet endroit; aussi suis-je fort surpris de voir les Moïs se mettre, sans autre forme de procès, en devoir de commencer leur déjeuner, et cela sans m'en avoir fait demander avis; mais baste, en somme, c'est naturel, c'est l'heure de leur repas, et j'attends patiemment qu'ils l'aient achevé; leur menu ne se compose guère que de riz gluant, de cette variété que l'on emploie en Europe pour la confection des gâteaux de riz : c'est ce même riz que

(1) Espèce de sabre court que les Annamites emploient pour débroussailler et parfois pour se battre.

les Annamites appellent *nep*, et dont ils se servent pour la fabrication de leur alcool.

Mes sauvages sont gens fort expéditifs en matière de gastronomie, et une demi-heure après nous reprenions notre route.

Le chemin devient plus agréable et pour nous la nature se montre plus clémente et c'est avec une vive satisfaction que nous remettons en place le coupe-coupe.

Aux lianes inextricables, aux fouillis d'une végétation hâtive, succède un peu d'accalmie; la forêt cesse d'être une fournaise, les basses branches ne nous incommodent plus et le sol, plus complaisant, devient d'un accès plus facile ; nous contournons des mamelons peu élevés, couverts d'arbres et d'arbustes au milieu desquels l'air, circulant plus librement, nous apporte quelque bien-être.

Achevant de faire une visée topographique, je remarquai que le sol était creusé en maints endroits; d'abord je n'y pris garde, mais mon attention fut sérieusement mise en éveil par le nombre toujours croissant de ces petites excavations; quand je dis petites, c'est relatif, car elles pouvaient mesurer de 35 à 40 centimètres de diamètre, tandis que la profondeur pouvait en être de 70 centimètres environ.

Comme je réfléchissais sans comprendre, il me vint à l'idée que ce devait être un moyen de défense; en effet, les Moïs n'étaient-ils pas toujours en lutte entre eux, et mes porteurs n'avaient-ils pas cinquante de leurs compagnons armés jusqu'aux dents pour les accompagner et les défendre? Toutefois, je remarquai que ces sortes de trous de loup n'étaient pas recouverts de feuillage et de terre, précaution qui eût été utile pour les cacher aux yeux d'un ennemi (1).

Je me promis de résoudre cette question.

Nous continuons à marcher pendant deux heures environ, lorsque nous nous trouvons subitement en présence de petits piquets ; le sol en est littéralement couvert ; l'avant-garde nous prévient encore contre la présence de grands piquets acérés dissimulés dans le buisson, qui obstrue pour ainsi dire le sentier ; ces derniers sont placés de telle sorte que le voyageur imprudent s'empale on se blesse grièvement au ventre.

Nos sauvages savent éviter cette ruse de guerre, contre laquelle ils sont en butte journalière ; mais n'allez pas croire que ce soit chose facile, car le sentier est très étroit et à peine visible sous d'épais buissons, des lianes, une foule de végétaux et encore des lianes qui le masquent presque entièrement, et il faut pour ainsi dire le deviner à travers cet inextricable fouillis, rendu plus sombre encore par la forêt qui, à droite et à gauche, se profile impénétrable ; il faut nous résoudre et enlever les piquets du chemin avec des précautions infinies lorsque, brusquement, la route nous est de nouveau barrée par un abatis de bambous épineux.

Mon interprète pour le Moïs, un Annamite nommé

---

(1) Les Moïs, les pirates de l'Annam et du Tonkin, n'usent pas généralement de ce moyen de défense, qui est tout européen ; ils en emploient un autre non moins terrible : l'approche de leurs villages, les chemins qui conduisent à leurs repaires sont entièrement couverts de piquets (ou lancettes) dont la pointe acérée émergeant du sol de 4 à 5 centimètres produit un effet funeste sur l'ennemi, qui s'y déchire les pieds.

Tri, que j'interroge au sujet de toutes ces défenses belliqueuses, m'apprend que nous arrivons près d'un village qui est aussi notre but. En effet, après avoir franchi l'obstacle tant bien que mal et parcouru encore quelques centaines de mètres, nous débouchons de la forêt au millieu de terrains cultivés.

On marche quelque peu, puis, sans crier gare, le convoi s'arrête et voici mes sauvages qui, se formant en groupe, paraissent se concerter tandis que quelques-uns d'entre eux brandissent leurs armes; cependant le souffle de Bellone ne semble pas agiter leur noire chevelure ; je crois plutôt que leur physionomie très expressive, leur air d'inquiétude, signifie clairement : sera-t-on bien ou mal reçu ? Toutefois, cet arrêt, cette hésitation, ce conciliabule ne laissent pas d'intriguer mes hommes qui, eux aussi, paraissent anxieux.

Afin d'éviter quoi que ce soit de fâcheux, j'interviens et je m'informe des causes de cette agitation. L'interprète me dit alors que les Moïs qui nous accompagnent redoutent quelque agression de la part des habitants du village qui, paraît-il, auraient été excités contre notre influence par quelques Siamois de passage.

Je prends alors quelques dispositions dictées par la prudence ; j'organise rapidement ma petite caravane de façon à ce que les Moïs armés entourent les porteurs, et je me porte en tête de la colonne.

Je veux avant tout empêcher un conflit, et d'autre part éviter toute surprise. Nous avançons donc avec la plus grande circonspection.

A gauche, un long chaînon de petites collines en partie déboisées se dentellent étrangement sur l'horizon ; à droite, à deux cents mètres environ, on aperçoit le profil d'un charmant cours d'eau : c'est le Dak Kal.

Un quart d'heure de cette marche nous conduit au pied d'une colline, dont les flancs couverts de bambous épineux protègent le village campé sur son sommet comme un nid d'aigle; toutefois, un chemin libre de tout obstacle y conduit aisément, et peu après nous faisons notre entrée dans Keuiong Dak-Ouang, dont les habitants avaient jugé bon de faire place nette en se réfugiant dans les bois environnants.

Il paraît que nous n'avions pas un air bien terrible, car bientôt les plus hardis d'entre eux risquaient leurs noires silhouettes jusque près de nous; je fais en sorte que les Moïs de notre escorte les rassurent, et, peu après, quelques indigènes rentrant au village. Je m'empresse de leur faire expliquer que nous venons absolument en amis et pour les défendre contre les incursions siamoises.

Ces paroles opèrent un effet magique sur ces pauvres sauvages; ils s'en vont en courant appeler les autres habitants du village, qui bientôt rentrent en foule.

Le chef met aussitôt la maison commune à ma disposition.

Les habitants s'empressent autour de nous; les uns nous procurent le bois nécessaire pour notre cuisine, tandis que d'autres nous apportent de l'eau d'une fraîcheur et d'une limpidité parfaites : elle nous est offerte dans de grosses gourdes.

C'est avec un vif sentiment de plaisir que je considérais l'évolution de ces rapports sympathiques; c'était la première marche que j'effectuais seul et je me trouvais fort heureux d'avoir fait cette étape sans incident fâcheux et j'augurais bien de l'avenir.

Dans ces bonnes dispositions, je me permis une petite absinthe, bien légère, car il m'en restait fort peu : cinq ou six gouttes de cette liqueur dans un verre d'eau remplaçaient pour moi le vin absent pendant les repas.

Peu après le chef de ce village vint me voir avec deux des plus vieux habitants : deux vétérans ; il m'offrit trois ou quatre grammes de poudre d'or en me souhaitant la bienvenue au nom de tout le village.

C'est alors que, brusquement, la lumière se fit dans mon esprit ; ces excavations que leur forme m'avait fait prendre pour des trous de loup étaient le résultat d'une exploitation aurifère primitive.

Nul doute, en effet, que ces sauvages fouillaient le sol par endroits, la terre qu'ils en prélevaient était par leurs soins lavée et relavée et quelques parcelles du précieux métal était le prix de ce labeur.

Je leur offris un peu d'absinthe avec de l'eau, puis pure ; cette dernière, qu'ils hésitèrent un instant à goûter, enleva de vive lutte leurs suffrages ; ils manifestèrent la préférence qu'ils en avaient en se frottant l'estomac, en faisant fortement claquer leur langue et en me tendant à nouveau le verre dans lequel ils avaient bu ; en langue sauvage comme en langue civilisée, ceci est très expressif, et je fus fixé sur ce point.

Les habitants m'apprirent également — toujours par l'intermédiaire de mes interprètes — que des marchands Laotiens s'étaient enfuis du village à notre approche, craignant que nous ne les fissions prisonniers.

Je restai trois jours dans ce village, attendant quelques vivres que l'on devait m'envoyer, et je n'eus qu'à me louer de la bonne hospitalité de ses habitants.

Le sel, dont je n'avais qu'une faible provision, vint à me manquer et m'étant enquis auprès des indigènes si je pourrais en obtenir un peu, moyennant échange, après avoir passé une demi-journée en pourparlers, on consentit enfin à m'en octroyer 250 grammes, mais il me fut bien spécifié que je rendrais du sel et non autre chose, ce dont je m'acquittai aussitôt l'arrivée de mon approvisionnement.

Le sel est parmi les Moïs de cette région d'une rareté excessive, au point que ceux-ci le mangent comme une gourmandise.

J'avais mis ces trois jours de séjour forcé à profit, en essayant de recueillir quelques renseignements sur les agissements des Siamois et sur les faits et gestes de la région ; j'appris ainsi que les Siamois avaient construit pendant les années précédentes une barrière fort élevée et simulant une porte.

Je résolus de me porter sur ce point et d'y vérifier *de visu* ce dire qui me paraissait étrange.

Avant mon départ, je remis au chef les vaillantes couleurs de la France qu'il reçut avec empressement, considérant notre drapeau comme un gage de notre sympathie et de notre amitié.

Le 12 je me mettais donc en route pour les bourgades de Keuiong Boungaï et Keuiong Ek.

Au départ du village, le chemin est tracé au milieu de petits mamelons couverts de forêts de bambous, qui cependant ne gênent pas la marche.

Après deux heures de route, nous arrivons sur les bords du Dak Hanien, petite rivière dont j'estime à dix mètres la largeur ; d'ailleurs elle est peu profonde et nous la traversons aisément ; sur l'autre bord, nous poursuivons à travers une vaste plaine tapissée d'une herbe fine et serrée.

J'étais émerveillé, car depuis notre départ de Tourane la brousse ne nous avait pas quittés; ici la configuration du pays semblait changer brusquement; nous pressentions que nous allions pouvoir marcher plus à l'aise. Le spectacle de cette plaine était pour nos yeux d'une douceur infinie, fatigués que nous étions des lianes, des buissons, et de tout l'attirail qui compose une forêt vierge.

De temps à autre, quelques bouquets de pins, quelques buissons de bambous, en agrémentaient les ondulations : on eût dit un parc gigantesque où nous cheminions tantôt à l'ombre, abrités par un fourré, tantôt au soleil, à travers une clairière.

Soudain, derrière un mince rideau de pins, se dresse devant nous la célèbre porte du Siam et Laos (1). Rien ne saurait rendre l'originalité de cette construction de l'homme perdue au milieu de ces régions vierges encore ; cela est saisissant, et pourtant nous n'étions en présence que d'une barrière, barrière gigantesque toutefois, ne mesurant pas moins de 80 mètres de longueur.

Le corps en était formé de troncs de pins, pouvant mesurer cinq mètres de hauteur, espacés les uns des autres de dix centimètres; ils étaient reliés entre eux par de fortes traverses ; l'ouvrage tout entier s'appuyait sur deux gros massifs de bambous ; un passage était pratiqué au milieu de cette palissade où quatre hommes pouvaient passer de front.

D'après les renseignements qui m'avaient été fournis, il y a deux ou trois ans, les Siamois seraient

(1) Du moins est-elle appelée ainsi par les habitants.

venus en nombre construire cette palissade et déclarer territoire siamois tout le pays s'étendant à l'ouest de ce point. Ils auraient, paraît-il, à cette occasion, décerné le grade de *Ek* au chef de la tribu des Keuiong, tant en signe d'amitié que pour lui donner un certain prestige aux yeux des autres tribus Moïs. Nous franchissons la porte siamoise et continuons notre marche au milieu de cette plaine magnifique dont je me souviendrai longtemps encore, car le pays plat est chose fort rare dans cette partie du Laos. Nous retrouvons bientôt le Dak Hanien que nous traversons à gué ; le chemin ondule alors capricieusement au milieu de coteaux boisés et d'un accès facile ; une demi-heure après nous arrivions au village de Boungaï et là aussi nous étions bien reçus.

Ce village, quoique fort petit, est néanmoins défendu par une haute palissade : seules deux portes très étroites donnent accès à l'intérieur.

Après y avoir déjeuné, nous repartons et arrivons à Keuiong Ek ou Keuiong D'jeulong, village qui n'est distant du précédent que de trois kilomètres environ ; toutefois si le chemin est court, en revanche il est escarpé, et le sentier tortueux affronte hardiment les flancs de la montagne qu'il faut franchir et redescendre ensuite.

Je m'attendais à être relativement mal reçu dans cette bourgade dont le chef, qui était en même temps chef de tribu, et l'ami des Siamois. Il n'en fut heureusement rien et il me fit installer dans une habitation du village ; la toiture de notre caï nha (1) laissait beaucoup à désirer, mais en route on n'y

(1) Habitation en bambous.

regarde pas de si près ; d'ailleurs, autant de fentes, autant de portes de sortie pour la fumée, ce dont nous nous trouvions fort bien. Peu après, ce digne chef vint m'offrir quelques œufs et bananes que j'acceptai avec empressement ; à mon tour, je me fis un plaisir de lui offrir de l'étoffe rouge, des perles, du fil de cuivre pour bracelet, etc.

La journée s'achève paisiblement et la nuit de même. Le lendemain est consacré aux renseignements, chose pas commode du tout, car les Moïs ne se décident à vous livrer le secret d'une direction qu'au bout de longues heures d'un patient interrogatoire. Et que l'on n'aille pas s'étonner de cette méfiance, elle paraîtra toute naturelle si l'on considère que ne connaissant pas vos intentions, ils s'étonnent de l'insistance que l'on met à connaître telle ou telle route, telle ou telle autre chose ; puis indépendamment de cette méfiance, — et ceux-là seuls qui ont passé par là savent à quoi s'en tenir — il y a la plaie des interprètes avec lesquels il est difficile de se faire entendre et qu'il est plus difficile encore de comprendre.

J'appris toutefois qu'une route fréquentée, se dirigeant sur Attopeu, passait à deux jours de marche du point où je me trouvais.

Cependant, comptant avoir des nouvelles de la mission, M. Garnier m'ayant promis de m'écrire de Kon Tum, je quittai dès le lendemain matin ces sympathiques sauvages, qui gagnaient décidément du terrain dans mon estime.

Je rejoignis mon point de départ par le même chemin.

Là, j'attendis vainement trois jours, au bout desquels, ne recevant rien et ne voulant pas perdre un temps qui m'était précieux, je repartis le 18 au matin, me dirigeant à nouveau vers Keuiong Boungaï, mais cette fois par un chemin tout différent du premier et fort peu fréquenté.

Notons en passant que moi et mes linhs n'avions que quatre jours de vivres et quelques articles d'échanges nécessaires au paiement des porteurs Moïs.

Les difficultés du chemin Moïs sont inénarrables; le sentier se dessine à peine dans ce fouillis de verdure; parfois il se dérobe à nos regards, littéralement obstrué par des lianes de toutes espèces; en maints endroits, des fondrières font culbuter l'imprudent qui s'enfonce dans la vase; plus loin, d'énormes troncs d'arbres abattus en travers du chemin le barrent, sans espoir de passage pour les porteurs; et, le plus souvent, il faut contourner cet obstacle au milieu d'une épaisse forêt où le coupe-coupe a fort à faire pour nous frayer un étroit passage. Le sentier se poursuit ainsi longtemps en longeant les bords du Dak Kal; nous franchissons fréquemment ce cours d'eau, et même souvent nous en empruntons le lit, ayant ainsi de l'eau jusqu'aux genoux. Mais, en somme, nous ne nous plaignons guère de ce bain forcé, cela nous semble même presque agréable par une chaleur accablante, où pas un souffle d'air ne circule sous l'épais feuillage de la forêt plus épaisse encore.

La route que nous suivons, bien que plus courte de trois kilomètres et demi sur celle suivie précédemment, nous demande néanmoins le même laps de temps et le double de la somme des fatigues pour atteindre Boungaï; mais nous passons et ne faisons halte qu'à Keuiong Ek, où nous achevons de passer tranquillement le reste de la journée.

Sur le soir, Ek, le chef du village, si l'on s'en souvient, vint me voir avec un de ses fils, pauvre petite créature qui avait une plaie affreuse à la jambe, et le chef me pria de guérir son enfant. Je me mis aussitôt en devoir de laver la plaie avec de l'eau phéniquée et de faire un bon pansement; je lui remis de l'eau phéniquée en lui faisant toutes les recommandations nécessaires pour continuer ce traitement sommaire, et il partit.

Peu après, il revenait avec deux beaux poulets qu'il m'offrit pour prix de mes soins; ne voulant pas être en reste de délicatesse avec cet aimable sauvage, je lui fis présent d'un collier de perles ordinaires au milieu duquel je fis enfiler une pièce de dix cents (1). Deux ou trois autres personnes eurent encore recours à mes lumières et enfin nous pûmes expédier notre dîner, dîner bien sommaire, après quoi, les derniers préparatifs pour le lendemain terminés, je m'étendis sur ma couverture et passai une très bonne nuit dans ce village.

Au point du jour nous étions prêts, et à six heures trente, nous reprenions notre route. Quelques habitants du village faisaient office de porteurs.

Notre marche débute par l'escalade d'une montagne que j'estimai s'élever de 700 à 800 mètres au-dessus du sol (le défaut d'instruments ne me permit point d'en déterminer exactement la hauteur); ma petite colonne continue à marcher assez longtemps sur cette ligne de faîte, puis nous descendons un peu et traversons à nouveau le Dak Kal, très étroit à cet endroit; ceci me donne à penser que la source

(1) Monnaie d'argent d'Indo-Chine d'une valenr approximative de trente centimes en monnaie française.

n'en est pas très éloignée. Mais, hélas ! cette descente n'était qu'une feinte, il nous faut remonter, je devrais dire regrimper, et cette fois nous nous élevons à des altitudes variant de 1,100 à 1,200 mètres. Si le métier d'explorateur a ses durs moments, il a aussi ses heures de compensation et c'est merveille que de suivre ce chemin rudimentaire, se déroulant sur ces sommets sauvages couverts de belles forêts ; l'air frais qu'on y respire vient nous dédommager un peu de nos fatigues, tandis qu'à chaque instant un point de vue superbe s'offre à nos regards ; à droite, les montagnes se profilent sur l'horizon en un cirque immense ; ici c'est un ruisseau dont les eaux bouillonnantes, rebondissant en cascades sur les roches abruptes, vont rejoindre l'abîme qui s'étend à nos pieds ; là-bas c'est un torrent qui, dévalant de sommet en sommet, projette alentour sa colère et sa furie en un nuage de poussière d'eau. A gauche, c'est encore la montagne, mais ici les sommets s'échancrent brusquement et une gorge profonde laisse apercevoir les confins d'une riante vallée.

C'est à peine si je puis contenir mon enthousiasme devant la grandeur et la magnificence de ces panoramas merveilleux qui changeaient à chaque pas comme les décors d'une féerie et je me sens incapable d'en retracer les beautés somptueuses.

Vers midi, le chemin se prend à dégringoler presque verticalement les flancs de la montagne et... nous dégringolons avec lui. Que l'on s'imagine un gigantesque escalier de cinq cents mètres de haut, dont les marches seraient formées de rochers, de racines d'arbres, et l'on n'aura encore qu'une faible idée de cette descente, absolument impraticable aux chevaux, même déchargés; les éléphants, dont l'adresse est si connue, pourraient seuls en tenter le passage avec quelques chances de succès.

Il est une heure lorsque nous atteignons le Dak Dar-Lane, torrent qui bouillonne au pied de cette descente. Une heure d'efforts soutenus nous a donc conduits du sommet à la base, et tous nous poussons un soupir de soulagement à la vue de cette belle eau claire, qui dévale sur un lit de roches et de cailloux; enfin nous allons donc pouvoir déjeuner tranquillement, et, ce qui ajoute à notre bonne humeur, nous allons pouvoir déjeuner au frais.

Mais ce bonheur, comme bien d'autres, devait être de courte durée : en effet, les feux s'allumaient à peine, que nous voici aux prises avec un ennemi d'un nouveau genre qui est là, qui nous guette, et avec lequel nous n'avions pas compté: les sangsues!

A deux heures, réconfortés par ce peu de repos, nous repartons.

Nous descendons le cours du Dak Dar-Lane, laissant à gauche la haute montagne escaladée le matin; à droite s'étend un terrain qui, quoique peu élevé, ne laisse rien apercevoir de ses richesses : il est couvert d'une végétation si puissante que le regard ne peut rien distinguer au delà de quarante mètres. Pendant trois heures et demie le chemin suit le cours d'eau ; on parcourt tantôt deux cents mètres dans son lit, puis vingt mètres à terre, et si l'on abandonne ses rives, c'est pour le traverser de nouveau et le retraverser ainsi cent fois.

Je n'insisterai pas sur la lenteur de la marche et les pénibles efforts qui sont le fruit de tout instant ; les yeux brûlés par un soleil sans merci, nous étions suffoqués par une atmosphère de feu que ne troublait aucun souffle d'air. Nous atteignons ainsi une série de mamelons couverts de buissons et de bambous, qui à chaque pas entravent notre marche, et dans maints endroits il me fallut m'aider des mains et des genoux pour franchir ces obstacles entassés devant nous par dame Nature.

Ces quelques heures de marche exécutée sur les bords du Dak Dar-Lane ne m'ont pas permis d'apporter quelque lumière sur la configuration du pays que nous traversions : les regards étaient obstinément arrêtés par un rideau de verdure qui demeurait impénétrable à toute investigation.

Vers six heures nous arrivons sur les confins de cette immense forêt de bambous et nous foulons les rives du Dak Denan, affluent du Dak Dar-Lane, puis nous traversons les cultures assez étendues de Peleï Texeng et il est nuit lorsque nous arrivons à ce village.

A notre arrivée, deux marchands Laotiens s'étaient enfuis à notre approche, et j'appris plus tard que c'étaient les deux mêmes qui avaient prestement déguerpi de Keuiong Dak-Ouang, lors de notre arrivée dans ce village.

Notre présence avait jeté la stupeur parmi les habitants ; toutefois nous parvînmes à rassurer ces braves gens, puis le chef et quelques anciens m'apportèrent le présent qui est en usage du moins dans cette partie du Laos, et qui se compose le plus ordinairement d'une poule blanche et de quelques œufs.

Après avoir dîné, je pus m'étendre un peu, ce dont j'avais le plus grand besoin ; depuis plus d'un mois, souffrant d'une blessure au tandon du talon gauche, je m'étais vu forcé d'abandonner toute chaussure ; j'allais donc le pied nu à travers monts et broussailles et la marche de la journée qui venait de s'écouler m'avait été particulièrement pénible; mon pied très enflammé s'était rapidement enflé et me faisait grand mal, cela me causait même un peu de fièvre ; mais en somme la nuit fut bonne et je m'éveillai frais et dispos.

Depuis près de deux mois nous étions en route et mes pauvres miliciens commençaient à être fatigués; quoique à regret, je dus me résigner à ne regagner Keuiong Ek que le surlendemain.

Profitant donc de quelques heures de loisir, je mis mon travail à jour et j'achevai la rédaction de quelques notes en retard. Une trentaine de Moïs m'entouraient, m'observant curieusement dans le plus grand silence; parfois relevant un peu la tête de dessus mes paperasses, je les surprenais se penchant, intrigués, sur mon travail : ils retenaient leur respiration et haletants, les yeux grands ouverts par la stupéfaction, c'est avec effarement qu'ils me voyaient tracer des caractères bizarres sur ce tégument qu'en langue civilisée nous appelons le papier... et, effaré moi-même, je m'empressais de continuer mon griffonnage.

Tout à coup, le tic-tac de ma montre qui se trouvait près de moi parvint jusqu'à leurs oreilles ; ils s'en approchèrent et l'examinèrent curieusement. C'est alors qu'ils s'aperçurent de la marche de l'aiguille qui marque les secondes.

J'essayerais vainement de dépeindre les mimes qui furent le résultat de cette découverte ; mais leur visage passa par toutes les phases du plus vif étonnement à la plus grande surprise, Je m'étais aperçu de leur manège, et ne voulant pas laisser d'arrière-pensée dans ces esprits primitifs, ce qui en matière d'humanité eût été un crime de lèse-civilisation, je leur tendis la montre ; mais à mon étonnement ils reculèrent prudemment avec un ensemble comique. Je ne pus m'empêcher de sourire, je pris la montre et l'approchai de mon oreille, puis je la leur offris à nouveau ; mais personne n'eut le courage de venir prendre ce qu'ils considéraient déjà comme un monstre ou comme une divinité d'un nouveau genre. Me levant alors, je m'approchai de celui qui me parut le plus hardi de la bande, et lui collant le cadran contre l'oreille, je lui fis écouter : soudain sa physionomie exprimant la surprise et la joie s'éclaira d'un franc sourire ; il se mit à parler avec volubilité et, dans la harangue qu'il adressait aux assistants, le mot tac-tac revenait souvent.

La surprise qui se peignait sur tous ces visages intelligents était inexprimable ; mais ma montre passant de main en main eut bientôt fait le tour du cercle, et tous de rire de la frayeur qu'ils avaient eue.

La boussole les intrigua également beaucoup ; néanmoins, le clou de cette scène bizarre échut au verre de la montre et à celui de la boussole, sur lesquels ils s'escrimaient à qui mieux mieux à passer et à repasser leurs doigts, sans toutefois parvenir, bien entendu, à toucher les aiguilles de ces instruments, et tous de rire et d'essayer à nouveau leur manège infructueux. Ils parlaient tous à la fois, accompagnant leur dire de grands gestes désordonnés, et un instant je craignis que le délire ne s'emparât de leur cerveau, mais heureusement pour ma montre et ma boussole, il n'en fut rien et enfin les plus malins n'y comprenant rien, ils renoncèrent à approfondir les mystères de cette énigme dont on parle certainemenr encore dans leurs caï nhas.

En peu de temps j'avais conquis la sympathie des habitants de Peleï Texeng, qui cependant n'avaient pas coutume de voir des Européens, car je crois bien que j'étais le premier.

Quelques heures après cette scène, l'interprète vint me trouver et me communiqua qu'il tenait du chef de village qu'un Européen se trouvait à Peleï-Tieurong, à cinq heures de marche environ.

Un Européen ! celui qui n'a pas passé par là ne peut se faire la plus petite idée de ce mot magique : un Européen ! Dans ces déserts sauvages où jamais la civilisation ne pénétra, où l'on se trouve perdu loin des siens, un Européen... mais c'est un des nôtres!

Information prise, le fait me fut confirmé.

Inutile de dire que je n'hésitai pas une seconde et pris mes dispositions pour partir le lendemain dès l'aube, ce qui n'est pas du tout facile avec les Moïs, car ces messieurs ont l'habitude de faire un repas plantureux avant de partir (ce repas plantureux ne se compose que de riz de montagne, d'un ou deux petits poissons, quelques herbes, et quelquefois de gros lézards ou autres produits de leur chasse).

Ils attendent après cela que le plus gros de la rosée soit absorbé par les rayons du soleil, donnant pour raison que, mouillés par elle, ils auraient ensuite la fièvre.

Le lendemain matin, après une demi-douzaine de branle-bas, je réussis à quitter le village vers sept heures et, clopin-clopant, j'arpentai bravement en ayant soin de bien prendre mes notes ; j'étais tout heureux en pensant que bientôt j'allais trouver en cet Européen un membre de la mission.

Le chemin qui conduit à Peleï Tieurong est très praticable : il circule au milieu de collines peu élevées et boisées, mais ce n'est plus la forêt épaisse et impénétrable.

Vers une heure de l'après-midi, nous atteignons le fameux village juché sur le sommet d'une petite éminence et où je vais pouvoir serrer la main d'un Européen, d'un compatriote peut-être.

Mais là, la déception m'attendait ; aucun membre de la mission n'était jamais venu dans ce hameau. Ces renseignements m'étaient fournis pendant que nous déjeunions à la hâte ; on m'apprit toutefois que c'est au village suivant, c'est-à-dire à Peleï Remar que je rejoindrais mon homme. Je pourrais, paraît-il, atteindre cette bourgade avant le coucher du soleil.

Comme j'hésitais un peu, on me dépeignit alors la tenue de cet Européen : c'était un officier ; ceci me décida à poursuivre ma marche malgré la prévision dans laquelle j'étais de bientôt manquer de vivres, en outre que mes articles d'échange avaient presque tous été donnés en paiement aux coolies.

Bref, ce village me fournit les quelques porteurs dont j'avais besoin, et à trois heures nous nous mettons en route après avoir laissé comme souvenir le pavillon français qu'on arbore à la maison commune.

Nous traversons les cultures qui entourent Peleï-Tieurong et nous arrivons à l'embranchement de la route qui conduit à Attopeu (1) par Peleï D'jouar. D'après les habitants, il y aurait de ce point à cette ville cinq jours de marche, pendant lesquels on ren-

(1) Centre commercial de la région situé sur le Sé-Kong, affluent du Mé-Khong.

contrerait encore quelques villages Moïs éparpillés au milieu de ces solitudes, puis deux grandes journées à travers une région inhabitée conduiraient enfin à Attopeu. Cette route, en cet endroit, mesure de trois à quatre mètres de largeur et est très bonne ; elle me parut très fréquentée et j'y relevai de nombreuses traces d'éléphants. Ces gros mammifères laissent une empreinte formidable sur le sol de la voie, qui est faite exclusivement de terre battue.

Nous prîmes à gauche sur cette route, laissant derrière nous Attopeu. Nous avions à peine franchi un ou deux kilomètres que je découvrais les traces assez considérables d'un campement siamois : maisonnettes basses bâties sur pilotis et faites entièrement de bambous, même la toiture. Sans nous attarder, nous continuons notre marche et, quittant bientôt la route, nous reprenons le sentier. En deux heures nous étions sous bois ; le chemin, après avoir contourné nombre de mamelons, se poursuit en terrain plat au milieu d'une très belle forêt composée d'arbres d'une grande hauteur et d'une très belle venue.

Il était déjà six heures et j'avais beau fouiller les profondeurs du bois, je ne réussissais pas à découvrir un village ; l'interprète, sans sourciller — un Annamite sourcille-t-il jamais — me répondait invariablement : « Encore un peu, encore plus loin. » Vers six heures et demie, le jour baissant rapidement, et dans ces contrées il baisse pour ainsi dire sans crépuscule, il fallut me décider à faire faire halte au premier cours d'eau que nous rencontrerions. Nous atteignîmes enfin un ruisseau quelconque qui coulait sans bruit à travers la forêt ; il était temps, et même grand temps, car il me fallut le secours d'une allumette pour déchiffrer les graduations de ma boussole.

Pendant que mes miliciens, aidés par les porteurs, installaient à la hâte un abri plus qu'improvisé pour la nuit, je faisais questionner un Moïs sur la distance qu'il nous restait à parcourir ; au bout d'une heure de demandes et de réponses, je finis par savoir qu'en partant le lendemain au point du jour, c'est-à-dire vers six heures du matin, et en marchant bien, je n'arriverais au village que lorsque le soleil serait au-dessus de ma tête. J'avoue que cette déclaration ne laissa pas que de m'étonner ; en effet, je ne me rendais pas bien compte pourquoi les habitants du dernier bourg Moïs m'avaient trompé. J'eus beau creuser et recreuser ma cervelle, je n'y trouvai rien ; en somme, il n'y avait qu'à patienter, ce que je fis ; toutefois, je pris certaines précautions pour la nuit, car nous étions sous une épaisse forêt enfouie dans la nuit tropicale, c'est-à-dire la nuit la plus noire qu'il soit possible d'imaginer, et quoique sur les rives d'un petit cours d'eau, nous ne nous serions pas doutés de son existence si nous ne l'avions pas entendu bruire sous le feuillage.

A part les deux hommes qui commençaient leur faction, tout mon monde dormait déjà, que je n'avais encore pu trouver le sommeil.

Vaguement inquiété par ce mensonge que je ne comprenais pas, j'étais quelque peu nerveux et ne pouvais dormir. La forêt était silencieuse; parfois un hurlement lugubre retentissait seul dans la nuit, chant sinistre de quelque animal étrange; puis un cerf ou un daim passait à toute vitesse, poursuivi peut-être par un tigre affamé, dont de temps en temps on entendait le hup hup ! cri de chasse du terrible carnassier; puis réfléchissant à la situation, je finis par me convaincre que les habitants des villages dont j'ai parlé plus haut avaient craint sans doute que je n'opère comme les Siamois avaient coutume de le faire pendant leurs incursions, c'est-à-dire que je ne prélève un impôt quelconque et ne fasse nourrir mes miliciens aux frais du village. Ceci expliquait d'ailleurs très bien l'empressement que l'on avait mis à me renseigner et à me lancer sur les traces du Quan fallanh (1) qui toujours se trouvait dans le hameau le plus proche, mais que je ne parvenais pas à rejoindre.

Après cette nuit passée sous notre abri de feuillage, nous nous réveillons frais et dispos; le jour naissait à peine que déjà le branle-bas s'établissait dans notre petit camp, et peu après nous partions. Nous continuons notre marche à travers cette immense étendue de forêt; la route était belle et facile, et nous avancions rapidement; nous franchissons une chaîne de hauteur respectable, puis nous redescendons par l'autre versant et après avoir traversé de frais buissons de bambous, il nous faut remonter. Enfin nous arrivons à un certain point de la route, où le sol semble pour ainsi dire s'effacer sous les pieds, et nous dégringolons par une descente à pic dans un gouffre de verdure; peu après nous atteignons le Dak Relaye, cours d'eau dont nous suivons les méandres non sans l'avoir traversé mainte et mainte fois.

Vers onze heures, la forêt cesse brusquement, nous parcourons bientôt des champs cultivés et je remarque en passant que l'ananas y est en honneur.

---

(1) Officier français.

Il est midi lorsqu'à une faible distance nous apercevons les premières habitations de Peleï Remar, où peu après nous faisions notre entrée.

Cette bourgade, qui est très grande, est entourée d'une vaste et forte enceinte construite avec des troncs d'arbres solidement reliés entre eux ; de très petites portes, sortes de chemins couverts étroits et mesurant de trois à quatre mètres de long, donnent accès à l'intérieur du village. Je franchis l'une de ces portes et, ralentissant la marche, les miliciens se groupent autour de moi, tandis que quelques Moïs qui nous ont aperçus sortent précipitamment de la nhia ron et nous examinent curieusement.

C'est alors qu'il se passe une scène bizarre à laquelle je ne comprends rien d'abord : un colloque qui s'anime graduellement s'engage entre mes miliciens et les habitants qui m'entourent, puis tout à coup, et comme si le diable les emportait, voilà que mes hommes se mettent à courir de toutes leurs jambes jusqu'à la maison commune, qu'ils atteignent en deux bonds, et ce qui met le comble à mon ahurissement, je les vois étreindre un Moïs qui répond à leur étreinte ; puis, comme pris de vertige, voici que tous les Moïs, les Annamites, parlent, rient et gesticulent avec la plus grande animation. J'arrive près de la maison et le linh qui me sert d'interprète me crie : « Monsieur ! Monsieur ! lui Annamite ! lui Annamite ! » C'est presque du délire ! Ceci me donne la clef du mystère : ils viennent de retrouver un des leurs, un Annamite fait prisonnier par les Moïs et vendu comme esclave dans ce village.

On nous fait entrer dans la nhia ron, puis tous ces bons sauvages se mettent en quatre pour tâcher de nous être agréables ; ils nous offrent des poulets, du riz, du miel, etc. Pendant ce temps, tout le monde cause, s'appelle, rit et gesticule avec un ensemble parfois comique ; on voit un air de plaisir empreint sur toutes les physionomies. J'étais heureux de cette joie et les Moïs qui nous entouraient paraissaient ressentir la même impression.

Ce pauvre Annamite, devenu Moïs par la force des choses, m'a tout l'air de supporter son sort avec la plus parfaite quiétude : mes huit miliciens le criblent de questions et l'interprète, avec sa voix flûtée, ajoute un ton bizarre à cette cacophonie, où se mêle le tonnerre de l'idiome Moïs. Notre héros répond à tous avec une courtoisie et une sérénité parfaites, tout en s'occupant de nous faire donner le nécessaire pour que nous préparions notre déjeuner.

L'histoire de cet Annamite est fort simple ; la voici telle qu'on me l'a contée.

Il habitait de l'Annam la province de Quang-Ngaï. Homme paisible et industrieux, il s'occupait de chercher dans la forêt du rotin, du cunao, etc., marchandises qu'il revendait ensuite sur les marchés de l'Annam. Un jour, s'étant écarté de son village, il fut surpris par un parti de Moïs de la tribu des Sedangs. Cette tribu, nombreuse et guerrière, occupe une très vaste étendue de pays montagneux où croît en abondance le canelier, dont elle sait tirer de grands profits ; les Sedangs échangent la canelle à des marchand Chinois et Annamites, dont ils reçoivent en retour les articles nécessaires à leurs besoins.

Ces Moïs, dis-je, l'avaient donc fait prisonnier, puis, après l'avoir traîné à leur suite de village en village, ils l'avaient enfin vendu à un homme riche du village de Peleï Remar. Sa bonne conduite, son esprit intelligent et surtout son entente dans la culture, véritable talent pour les peuplades Moïs, lui avaient, en cinq ans, valu la dignité de chef de village. Etonné de sa sérénité et comme je lui demandais s'il ne désirait pas retourner en Annam, il me répondit que sa situation lui était agréable, qu'il ne se trouvait nullement malheureux, mais qu'en somme il reverrait sa patrie avec plaisir, et que si je voulais bien venir le chercher dans trois ans, il retournerait au Quang-Ngaï.

Et comme il achevait ces mots, une mignonne petite créature fit irruption dans notre cercle et le brave Annamite ajouta que s'il demandait ce laps de temps de trois ans, c'est que l'enfant avait encore besoin de grandir pour supporter un tel voyage.

Il est très difficile à un Annamite fait prisonnier par les Moïs de parvenir à s'enfuir; quelque chose qu'il tente, de quelque côté qu'il se tourne, l'ennemi est là. S'il réussit à rejoindre la forêt, sa liberté n'est pas encore conquise, car la forêt est pleine de Moïs. De nouveau prisonnier, il aura d'autres maîtres peut-être plus durs que ceux qu'il a fuis; ceci est pour l'infortuné le bon côté de l'aventure, car le plus souvent, privé de nourriture, traqué par les bêtes fauves, il expire de douleur et de misère dans les forêts du Laos : forêts peu hospitalières.

Certain donc que la fuite c'est la mort ou de nouveau l'esclavage, il garde ses premiers fers, et d'ailleurs les Moïs, qui savent que sa fuite est à peu près impossible, lui laissent la plus grande liberté d'allure.

Il faut dire ici, à la très grande louange des Moïs, et j'insiste, car le fait est rare, que loin de traiter mal leur prisonnier, ils ont pour lui une sorte de paternelle bienveillance; et bientôt, si l'infortuné captif se montre bon et travailleur, ils le considèreront comme un des leurs et l'admettront au sein de leur famille : le prisonnier mangera comme son maître et participera à ses mêmes plaisirs.

Vivement intéressé par tout ce que je voyais, ce que j'entendais et ce qu'on me disait, je me serais volontiers oublié dans l'atmosphère simple et primitive de ces bons sauvages. Mais si nous n'avions pas de clairon sonnant le boute-selle, mon chronomètre, impassible, était là et il fallait partir, car je tenais à lier mon itinéraire avec le membre de la mission Pavie, que je n'avais encore pu rejoindre. Les habitants de Peleï Remar n'avaient encore vu aucun Européen, mais par contre, ils m'affirmèrent qu'un officier était venu, il y avait environ un mois, à Peleï Trop, village situé à une heure et demie vers le Sud ; ils ajoutèrent avec des gestes de menace que beaucoup de Siamois s'y trouvaient avec des fusils et trente éléphants. Ces Siamois venaient, paraît-il, pour s'emparer du pays.

Je demandai quelques porteurs pour notre maigre bagage, en prévenant toutefois ces derniers que je ne pourrais rien leur donner pour compenser leurs peines ; je n'avais en effet plus rien : rien comme article d'échange, rien comme vivres.

Mais il s'agissait bien de donner quelque chose en échange, ah oui ! à peine connaissait-on ma détermination de pousser jusque vers les Siamois, que des volontaires se précipitaient en masse sur nos bagages, hélas ! bien minces.

Il est évident que l'intérêt de ces tribus était énorme : il s'agissait de s'opposer à ce que les Siamois rançonnent bourgades et villages Moïs ; de notre côté, nous avions à cœur de tenir haut le drapeau de la France.

C'est donc au milieu d'un enthousiasme vraiment grand et sauvage que nous quittons Peleï Remar et, je vous prie de le croire, nous marchons à un train d'enfer.

Une route. Que dis-je? Un sentier nous conduit à travers des terrains cultivés; pendant longtemps, le sillon nous accompagne, et enfin une heure et demie de marche forcée nous amène à Peleï Trop.

Aux approches de ce village, voici que nous voyons venir au-devant de nous des groupes d'habitants qui, prévenus de notre arrivée, s'avancent vers nous avec les marques de la plus vive et de la plus sincère sympathie.

A peine sont-ils à portée de voix qu'ils interpellent joyeusement nos porteurs, et bientôt un colloque sans fin s'engage; au fur et à mesure que nous avançons, la foule grossit, et avec elle la houle des parlers et des rires. Au milieu de cette cohue, j'ai toutes les peines du monde à gouverner ma petite colonne et à prendre note de mon levé topographique. Nous faisons, à Peleï Trop, une véritable entrée triomphale; tout ce qu'il y a d'habitants dans le village court à droite, à gauche, crie, gesticule. On dirait que la fièvre a saisi tous ces gens-là : une animation extraordinaire règne partout, partout ces malheureux indigènes sont ivres de joie à l'arrivée des Français, du drapeau de la France, dont les plis immenses vont écarter et réduire à néant le joug des Siamois.

En un clin d'œil, mes bagages sont déposés dans la maison commune, où je ne tarde pas à m'installer; aussitôt, le chef et les notables me rejoignent en me faisant les salamalecs d'usage.

C'est alors que j'apprends que les Siamois, sous les ordres de Luong Sakhon (1), étaient arrivés la veille au matin à Peleï Trop; ils y avaient passé la journée et la nuit, et l'arrière-garde n'avait quitté le village que vers onze heures du matin, soit six heures à peine avant notre arrivée.

Luong Sakhon s'était fait remettre, par le chef du village, un pavillon français et un libellé laissé par le lieutenant Dugast; il avait également prélevé plusieurs piculs de riz, des cochons et de la volaille, et il avait réquisitionné des porteurs, naturellement sans leur donner la moindre rémunération. Le chef de village qui me fournissait ces indications m'apprit aussi que Luong Sakhon avait avec lui environ cent trente soldats armés de fusils (2) et une trentaine d'éléphants; il avait pris la route de Peleï Kleng par Peleï Brou, ayant l'intention de se rendre à Kon Tum, centre de la mission catholique.

Ce que je viens d'écrire ici en dix lignes, je mis un temps infini à le démêler d'un brouhaha indescriptible, il fallut d'abord me faire comprendre et ensuite coordonner ces divers renseignements; mais, de part et d'autre, un tel travail d'intelligence fut déployé, qu'à la fin nous nous comprîmes. En cette circonstance, l'interprète Tri, que m'avait fourni le révérend Père Guerlach, me fut un auxiliaire précieux, intelligent et dévoué.

Les habitants se pressaient en foule autour de moi pour m'offrir des présents sous forme de vivres;

---

(1) Prince de la famille régnante de Siam.

(2) Les Siamois étaient armés de fusils Martini Henri.

à chaque instant, un Moïs arrivait avec un bol de riz cuit, deux ou trois poissons frais ; puis c'était un autre, apportant du riz et du tabac ; puis une femme me donnait du riz et du miel, et ceci se renouvelait à chaque instant. J'étais confus de n'avoir rien à leur offrir en échange et je m'en excusais de mon mieux, car, comme je l'ai dit plus haut, j'étais dénué de tout. Malgré cela, j'étais assailli de toutes parts et bientôt je fus obligé d'arrêter ce flux de victuailles, car je ne voulais pas abuser de la générosité des habitants.

Nous étions littéralement encombrés de vivres, au point que nous n'aurions pu faire un pas sans culbuter un bol de riz ou écraser un régime de bananes; malgré cet étalage et cet embarras, ma petite troupe voyait le fait d'un bon œil et pour ma part, je n'en étais pas fâché non plus. Ceci était pour moi une preuve que les Moïs nous préféraient et de beaucoup aux Siamois ; d'ailleurs, j'en avait déjà la certitude par l'empressement qu'ils avaient mis à me renseigner.

J'eus beau me gendarmer et essayer de leur faire comprendre que jamais nous ne pourrions utiliser tous leurs présents, ils eurent le dernier mot et le défilé ne cessa que lorsque chaque famille m'eut apporté quelque chose.

Peu à peu, les uns et les autres se retirèrent pour aller prendre leur repas et nous allions pouvoir en faire autant ; mes miliciens souriaient tendrement à cette quantité de victuailles dont les échantillons s'entassaient gaiement devant nous. La satisfaction se peignait sur leur physionomie, ils allaient pouvoir faire un plantureux repas, et j'avoue que cela leur était bien dû ; ils avaient largement gagné cette bombance, car le plus souvent notre maigre menu ne se composait que d'un peu de riz mal cuit, de quelques décigrammes de sel et de bananes. De mon côté, je fis le plus grand honneur au dîner, j'étais content de la bonne disposition des Moïs pour nous, et cette satisfaction jointe à la marche de la journée m'avait procuré un bon appétit.

Tout en mangeant, je ne cessais d'être préoccupé; ne connaissant pas la région dans laquelle je m'étais engagé, je n'étais pas sans éprouver quelques craintes pour la réussite du plan que j'avais rapidement élaboré et que voici en deux mots :

Je savais que les Siamois avaient pris la route de Peleï Kleng, village situé sur la route de Kon Tum à Dak Rödé ; en admettant l'hypothèse que, pour une raison ou pour l'autre, ils soient instruits qu'un détachement de miliciens et des officiers français cantonnaient à Kon Tum, au lieu de poursuivre leur route sur cette dernière ville, ils tourneraient bride et marcheraient dans la direction de Dak Rödé pour éviter ces messieurs.

Dak-Rödé étant le poste confié à ma garde, j'avais à cœur que les Siamois trouvassent là aussi des Français et leur démontrer ainsi qu'ils n'étaient point chez eux. Mais, hélas ! ces damnés de Siamois avaient maintenant près de douze heures d'avance sur moi, et essayer de leur couper la route devenait scabreux ; en effet, il n'existait d'autre chemin pour rejoindre Dak Rödé, mon poste, que celui qu'ils suivaient en ce moment. Or, pour me trouver à Dak Rödé lors de leur arrivée, il m'eût fallu un chemin de traverse tel que je pusse regagner mon retard et une certaine avance sur Luong Sakhon, mais, je l'ai dit plus haut, le pays m'était totalement inconnu et je crois que c'est avec colère que je mangeai ma dernière banane.

Comme le repas s'achève, les habitants reviennent peu à peu ; à un moment donné, la maison commune est bondée de monde et le chef de village fait alors son entrée.

Des groupes se forment aussitôt et des conversations s'engagent de toute part : on ne cause que des Siamois et de notre intervention dans cette affaire.

Le chef de village, moi et mes interprètes nous formons un groupe entouré par les guerriers ; je leur communique alors le plan que j'ai de devancer les Siamois, et je leur fais comprendre que ce plan ne peut avoir d'exécution que s'ils connaissent un sentier coupant à travers la montagne et rejoignant au plus tôt Dak Rödé.

Mais nos interprètes perdaient souvent la tête et se faire comprendre n'était point aisé. A bout de salive et d'expression, je m'armai d'un morceau de charbon et je leur dessinai sur le plancher un plan : la position de leur village, celle de Kon Tum et celle de Dak Rödé, point que je voulais rallier, et d'une ligne je leur traçai l'itinéraire probable des Siamois en leur demandant du geste et de la parole si je pouvais rejoindre mon poste par un autre chemin que celui suivi par Luong Sakhon. Mes interlocuteurs se taisaient, et un moment j'eus l'effroi de ne pas être compris ; mais alors l'un d'eux saisit ce que je désirais savoir et me prenant le charbon de la main, traça sur le plancher un trait : c'était le sentier qui, coupant à travers la forêt et la montagne, nous mènerait à Dak Rödé, en nous faisant ainsi gagner une avance considérable sur les Siamois. Continuant sa démonstration, l'intelligent sauvage m'indiqua la marche de Luong Sakhon en me donnant les noms des villages, entre autre Peleï Kleng, que je connaissais déjà et qui se trouvait situé sur la route de Dak Rödé à Kon Tum.

Le sentier sauveur est donc trouvé et maintenant, l'important est d'arriver à Dak Rödé, avant Luong Sakhon car je sais qu'à Kon Tum se trouvent soixante miliciens qui viennent d'arriver depuis peu sous la conduite de M. Odend'hal, lieutenant détaché comme inspecteur à la garde civile et de M. Breugnot garde principal. En outre M. Garnier y est aussi, et je ne doutais pas que ces messieurs n'aient été instruits des mouvements des Siamois par des indigènes de la contrée et tout devoués à notre cause.

La résultante de ce plan allait être que les Siamois seraient pris entre deux feux, d'un côté par un détachement qu'on ne manquerait pas d'envoyer de Kon Tum et de l'autre par le poste de Dak Rödé désert maintenant, mais que je me proposais d'atteindre bien avant eux; et troisième cas s'il venait à l'idée de Luong Sakhon de se retirer par le même chemin qu'il avait suivi, une marche rapide me ramenèrait à Peleï Trop et là encore je pourrais lui barrer la route.

Pendant ce temps mes linhs faisaient admirer aux Moïs leur carabines et s'acharnaient à leur expliquer la rapidité du tir, etc., etc. Ceux-ci très intéressés leur demandaient constamment de recommencer et un vrai cours de tir et d'escrime à la baïonnette leur fut fait ce soir là; les Moïs emerveillés nous faisaient comprendre par des simulacres qu'ils s'exerceraient avec plaisir contre les Siamois et ils brandissaient belliqueusement leur arc, leur lance et leur grand sabre à lame étroite.

Au moment de se quitter, il fut convenu qu'aussitôt que la lune serait levée on me donnerait un guide, quelques porteurs et en avant dans la forêt.

A quatre heures, le lendemain matin, nous étions en route. Inutile de songer à faire le levé de la route que nous allons suivre, vu la rapidité de notre marche.

A sept heures du matin nous arrivons à Peleï D'jard où nous sommes contraints de nous arrêter quelques intants pour changer de porteurs; là encore les gens de Luong Sakhon sont venus prélever en son nom, du riz et des cochons. Nous continuons notre marche avec toute la célérité possible ; le sentier se déroule sinueusement à travers des mamelons couverts de hautes herbes et je remarque qu'elles sont de la même espèce que celles que l'on emploie tant en Annam qu'au Laos pour la confection des toitures.

Il fait un soleil de plomb; et pas un arbre pour cheminer à l'abri, pas un souffle d'air ne vient troubler cette atmosphère de feu et il nous faut marcher le plus rapidement possible.

Vers onze heures du matin nous entrons en forêt; nous poussons tous un soupir de soulagement, car voici l'ombre, et je crois qu'il est grand temps pour nos pauvres fronts brûlants. Quoi qu'il en soit, tout le monde est un peu las et la faim commençant à se faire sentir, je préviens qu'au premier ruisseau on fera halte pour déjeuner; mais ce jour-là, le ruisseau était au diable et enfin à une heure vingt-cinq de l'après-midi, épuisés de fatigue et râlant de soif, nous trouvons un peu d'eau, bien chaude, dans le creux d'un rocher. Une heure de halte et déjà nous repartons, mais deux miliciens ont une forte fièvre ;

je les débarrasse de leur fusil et de leurs cartouches et ils suivent tant bien que mal.

J'avais décidé qu'à partir de six heures, le premier ruisseau qui serait rencontré serait l'endroit où nous ferions la halte du soir ; il y avait déjà longtemps que nous n'avions pas trouvé le plus mince filet d'eau, j'en étais un peu inquiet, mais le détour du sentier pouvait nous apporter l'eau fraîche et d'arbre en arbre, l'espoir naissait pour disparaitre et renaître encore.

Six heures étaient déjà passées depuis longtemps et aucun ruisseau, rien, pas une goutte d'eau pour étancher la soif qui nous dévorait depuis de longues heures ; nous continuions à marcher, essayant de tromper les tortures de la soif, par surcroît de malheur, le jour baissait avec sa rapidité effrayante et habituelle et toujours pas d'eau ; déjà quelques-uns de mes hommes se soutenaient à peine. La nuit était venue et nous marchions maintenant dans la plus complète obscurité, toujours guidés par les Moïs. J'en avais abandonné l'idée de dîner et je désespérais littéralement de trouver une source quelconque lorsque tout à coup une exclamation joyeuse, Dak, Dak! (1) poussée par un Moïs nous rendit l'espoir. En effet, un bruit lointain encore bruissait sourdement à travers la forêt, c'était l'eau, il n'y avait pas à en douter, l'effet fut magique, et ceux-là mêmes qui ne pouvaient se traîner, retrouvèrent leurs jambes et un quart d'heure à peine nous suffisait pour franchir les quinze cents mètres qui nous séparaient du torrent, car c'était un torrent.

---

(1) Eau, eau!

Je n'essaierai pas de retracer la satisfaction que nous éprouvâmes : ceux-là seuls qui ont souffert de la soif comprendront quel fut notre plaisir. Mais il était sept heures trois quarts, et nous étions harassés de fatigue. Toutefois, c'est avec un entrain vraiment colonial que bientôt les feux de notre bivouac s'allument éclairant joyeusement l'installation de notre campement ; comme on le suppose, notre dîner ne fut pas long et après avoir bu et mangé un peu, on ne demanda que du repos, repos bien mérité, après une marche forcée de treize heures rendue plus pénible encore par une chaleur lourde qui nous avait accablés tout le jour durant.

Peu à peu tout bruit cesse, seules deux ombres veillent : un milicien et un Moïs ; ils sont deux pour que réciproquement ils se tiennent éveillés et entretiennent les feux.

Si la journée de fatigue fut longue, en revanche la nuit de repos fut courte, et à quatre heures et demie du matin, par un beau clair de lune, le signal du départ est donné ; on marche avec confiance, car le guide a dit que nous atteindrions Dak Rödé vers midi. Cette perspective encourage tout mon monde, les côtes sont enlevées avec un entrain remarquable. Je suis vraiment content de voir que ma petite colonne donne crânement ce coup de collier. Le sentier a disparu depuis longtemps, car à proprement parler nous n'en trouvions guère les traces ; après la brousse, c'est-à-dire après un maniement acharné du coupe-coupe, c'était le lit d'un arroyau à sec qui nous servait de chemin pendant quelque temps ; puis, de nouveau des massifs impénétrables que nous parvenions à franchir à grand'peine, et ainsi de suite tout le long de notre route.

Vers sept heures et demie, nous débouchions sur les cultures du village de Peleï Gia que nous atteignions une demi-heure après. Il y a donc une différence de trois heures entre notre arrivée et l'estimation faite par les Moïs; il est vrai que l'itinéraire que nous avons suivi a été si peu parcouru que cette erreur n'a rien d'étonnant.

A Peleï Gia, j'apprends qu'un détachement de quinze (?) miliciens occupaient le poste de Dak Rödé où j'arrive d'ailleurs dix minutes après.

J'y trouve, en effet, ledit détachement commandé par un Doï (1) de première classe; ce gradé m'apprend qu'un pli contenant les ordres de M. l'inspecteur Garnier m'a été expédié à Keuiong Dak-Ouang.

Je recrute aussitôt deux Moïs de bonne volonté, je leur promets une bonne récompense et ils partent aussitôt pour ce village; ils portent un ordre aux deux miliciens que j'y avais laissés à la garde de quelques bagages, d'avoir à rejoindre au plus vite Dak Rödé avec le pli de M. Garnier, bien entendu.

Peu après j'ai la visite de D'jogoun, le chef des Halangs; il arrive tout essouflé me dire qu'il a connaissance de la marche de Luong Sakhon et qu'il vient d'envoyer des coureurs aux renseignements. A ce moment je remarquai quelques femmes qui, une hotte sur le dos, s'enfuyaient avec quelques vivres et leurs petits enfants; leur nombre grossissait de plus en plus et tous couraient chercher un refuge vers la forêt.

C'était une panique générale, Dak Rodé, Peleï Kram, Peleï Gia, tous ces villages déménageaient au plus vite. Mais il fallait mettre un terme à cette folle

(1) Sergent indigène.

terreur, et, après de longues et minutieuses explications, je parvins à faire donner l'ordre par D'jogoun à ses administrés d'avoir à rejoindre leur village respectif.

D'autre part, la cour du poste s'emplissait de guerriers Moïs, ils arrivaient de tous côtés, bientôt j'en pus compter deux cents, armés jusqu'aux dents, ils n'attendaient qu'un ordre pour se joindre à ma petite troupe; ils passèrent la matinée au poste. Vers midi, deux Moïs nous apportèrent la nouvelle que les Siamois venaient seulement d'arriver à Peleï Kleng. Ainsi Luong Sakhon, grâce à ses éléphants n'atteignait Peleï Kleng que plusieurs heures même après mon arrivée à Dak Rödé ; il avait donc mis le double de temps, tout en ayant à sa disposition une belle route.

Je pris aussitôt quelques dispositions nécessaires et, comme en somme, nous n'étions pas en guerre avec les Siamois et que tout ceci se résumait à une simple mesure de police, mon premier soin fut de renvoyer les guerriers dans leur village. Toutefois, ne sachant pas si les Siamois seraient agressifs ou non, mon devoir était de me tenir sur mes gardes ; et je fis échelonner de petits postes Moïs tout le long du sentier compris entre Peleï Kleng et Dak Rödé : les nouvelles me parviendraient ainsi le plus rapidement possible.

Dans la soirée j'appris que les Siamois passeraient la nuit à Peleï Kleng, malgré cela quelques dispositions furent prises pour parer à toute éventualité.

En principe, je l'ai déjà dit, je n'avais rien à craindre, et si je voulais me trouver sur la route des Siamois, c'était pour leur rappeler qu'ils n'étaient point chez eux; mais un de leurs partis, précédemment établi au poste de Dak Rödé (comme je l'ai d'ailleurs rapporté aux premières pages de cette relation), ayant été obligé de déguerpir devant la conduite agressive des Moïs, qui sans plus de façons les avaient chassés de la contrée, il m'était permis de craindre qu'ils ne vinssent ici avec des idées de représailles.

La nuit fut calme et les différents petits postes n'eurent rien à signaler d'anormal.

Le lendemain matin le camp présentait un aspect très animé, et mes quelques hommes, fraternisant avec les Moïs, faisaient ensemble leur cuisine en plein air. Ils étaient tous prêts à partir; quant à moi, en grande tenue blanche, le revolver au côté, j'achevais de mettre mes notes à jour; de temps à autre un courrier arrivait, il était aussitôt entouré et donnait la nouvelle que les Siamois étaient toujours à Peleï Kleng.

Vers midi, et comme je déjeunais, un groupe de Moïs fait irruption dans le camp et nous annonce que les Siamois sont en route, se dirigeant sur notre poste.

Etant donnée la distance qui nous sépare, je n'attends Luong Sakhon qu'à la tombée de la nuit; cependant, vers trois heures de l'après-midi, j'abandonne le camp et je vais placer mon détachement sur le bord intérieur d'un torrent à sec maintenant. Au cas où les Siamois, agressifs, nous presseraient de trop près, nous obligeant à nous engager sous bois, je donne à mes hommes un point de ralliement.

Chaque milicien est muni de quatre jours de vivres; une fois mes hommes installés dans leur tranchée naturelle, je me porte en avant, suivi de trois interprètes : l'un d'eux comprend un peu de français et parle annamite ; le deuxième comprend l'annamite et parle le moïs, et enfin le troisième traduit le moïs en laotien.

Je me porte donc sur un point reconnu à l'avance ; de cet endroit je pourrai voir poindre les Siamois et je pourrai aussi m'informer au plus vite de leurs intentions. Une heure se passe dans une longue attente, une heure et demie, et toujours rien ; je me décide alors à pousser plus avant afin de voir ce qui se passe. Ce n'est pas du tout facile ; le pays est entièrement couvert d'arbres, de buissons, de hautes herbes et de lianes de toutes sortes ; cet amalgame de verdure forme un immense rideau impénétrable à la vue et qui se prête admirablement aux embuscades. Nous avançons avec mille précautions, l'œil et l'oreille au guet ; nous parcourons ainsi un kilomètre environ ; lorsque tout-à-coup nous apercevons dans une clairière une quarantaine d'hommes : c'etaient des Moïs de la région, l'un des interprètes les ayant reconnus.

Nous étant avancés vers eux, ils nous apprennent que Luong Sakhon a donné ordre à ses porteurs de déposer les vivres dont ils sont chargés au poste de Dak Rödé.

Certes Luong Sakhon n'ignorait pas que le poste de Dak Rödé fût occupé par nous, et je pensai que s'il avait des idées belliqueuses, il ne livrerait pas ses vivres à notre merci, je fis donc demi-tour et rentrai tranquillement à mon poste suivi de mon détachement.

Peu après, le riz des Siamois arriva et les porteurs le placèrent dans une caï nha inoccupée; sur ces entrefaites mes deux miliciens de Keuiong Dak-Ouang rentrèrent au camp grelottants de fièvre, ils rapportaient mes quelques bagages et le pli de M. Garnier : celui-ci renfermait l'ordre de former définitivement le poste de Dak Rödé.

Mais chaque chose a son temps et j'envisageai ce que je devais faire vis-à-vis de Luong Sakhon ; et en somme comme c'était un haut fonctionnaire, je décidai de lui faire rendre les honneurs militaires à son arrivée. Pour le reste j'agirais selon les circonstances.

J'étais occupé à terminer mon topo, losque tout à coup le cri de la sentinelle : Aux armes! aux armes ! se fait entendre, en même temps que le son du clairon retentit.

D'un bond je suis dans la cour, mes linhs sont formés sur un rang , j'aperçois alors à cent mètres une avant-garde de miliciens et je reconnais le R. P. Guerlach, MM. le capitaine Cogniard, l'inspecteur Odend'hal et le garde principal Breugnot qui arrivaient avec un détachement de quarante hommes.

J'eus bientôt l'explication de cette visite inopinée; ces messieurs aussitôt prévenus de la venue des Siamois avaient quitté Kon Tum et après avoir rejoint les Siamois non loin de Peleï Kebaï ils les avaient ensuite dépassés. M. l'inspecteur Garnier n'avait pu les accompagner, étant sérieusement atteint de fièvre et de dysenterie.

Une heure s'est à peine écoulée que Luong Sakhon est signalé, il arrive bientôt et descend de son éléphant à la porte du poste où il rentre escorté de soldats siamois ; les deux troupes se portent les armes et nous recevons ce dignitaire le plus courtoisement du monde.

C'est un homme jeune ne paraissant pas avoir plus de vingt-huit à trente ans ; la physionomie est intelligente et la taille au-dessus de la moyenne, il porte le traditionnel sampot, et un veston droit en flanelle bleu marine; le casque blanc modèle de nos troupes coloniales, des chaussures Molière et des chaussettes complètent ce costume mi-civilisé.

Ces messieurs lui offrent quelques rafraîchissements qu'il accepte avec empressement; pendant ce temps je fais enlever mon bagage pour lui offrir ma modeste caï nha.

Le dîner à peine terminé Luong Sakhon se rend à l'invitation de M. le capitaine Cogniard pour prendre le café et la conversation s'engage sur la région.

M. Cogniard avait été enchanté de mon relevé topographique et des notes que j'avais pu lui fournir; il en profite habilement pour démontrer à Luong Sa-Khong qu'il était au courant des plus petits mouvements de sa marche, et que la région lui était parfaitement connue.

En résumé les forces siamoises ne se composaient que de quatre-vingts soldats et de quinze éléphants porteurs seulement, dont un était mort en route, le tout agrémenté d'une grande quantité de boys et de coolies, gens encombrants s'il en est.

Le lendemain matin Luong Sakhon faisait ses préparatifs de départ; le camp présentait un aspect des plus originaux : trois cent personnes environ animaient la scène, tandis que les chevaux, la masse imposante des éléphants encadrés par la forêt qui nous environnait offrait l'image très colorée des pays de l'Extrême-Orient. Tout ce monde va et vient, les appels s'entrecroisent; ce sont des cris, des vociférations; ici c'est un éléphant que l'on charge, plus loin c'en est un autre que l'on corrige pour sa mutinerie.

C'est un remue ménage d'enfer, une vraie tour de Babel où sept idiomes plus ou moins différents sont parlés, et Français, Tonkinois, Annamites, Cambodgiens et Siamois, Laotiens et Moïs parviennent à se faire entendre. Mais quelle variété d'articulations ; c'est une véritable cacophonie dans laquelle les éléphants ajoutent une note de plus.

Tout ce monde là a passé la nuit tant bien que mal dans le poste, et quoique un peu serré un peu mêlé chacun resta chez soi ; mais si l'on se regardait en chiens de faïence il n'y eut pas l'ombre de la moindre altercation.

Il fut convenu entre M. le capitaine Cogniard et Luong Sakhon que ce dernier rejoindrait au plus plus vite Attopeu (1).

Un dernier salut et la colonne se mettait en route.

La journée se termina bien ; tout le monde dans le camp, était satisfait de la tournure qu'avaient prise les choses.

Ces messieurs devant me quitter le lendemain, on décide entre autre que les miliciens venus avec moi de Tourane retourneront à Kon Tum et seront remplacés par le détachement récemment arrivé auquel on adjoindra quatre hommes ce qui en tout me formera une escouade de quinze miliciens.

Le lendemain, à sept heures du matin, on se séparait après avoir échangé de cordiales poignées de mains. Le détachement de Tourane était heureux de rejoindre Kon Tum, car aussitôt tous les membres de la mission Pavie réunis dans cette bourgade, tout

---

(1) A cette époque Attopeu était un centre d'occupation siamoise.

ce monde devait quitter la région et gagner la côte, où il pourrait s'embarquer à Qui-Nhon pour rejoindre leurs postes respectifs. Il était temps d'évacuer, la chaleur devenait torride, les orages allaient bientôt fondre sur le pays et rendre impossible tout travail sérieux ; la santé générale commençait d'ailleurs à s'altérer d'une manière inquiétante. Les linhs venus de Tourane étaient presque tous malades à Kon Tum ainsi qu'une certaine quantité de ceux arrivés récemment de Qui-Nhon ; deux membres de la mission étaient gravement malades, et tout ceci n'avait rien de surprenant car au rude labeur de chaque jour, se joignaient la mauvaise nourriture et l'air empoisonné d'un sous-bois humide que les rayons du soleil ne parvenaient jamais à purifier.

Je restais donc à Dak Rödé en poste avancé tant pour couvrir la région de Kon Tum que pour surveiller les agissements des Siamois. Le poste s'élevait au milieu d'une clairière fermée au Nord et à l'Est par la forêt, à l'Ouest et au Sud par le Dak Chir ; c'est là que je demeurai jusqu'au 5 mai. Je m'occupai tout d'abord de le faire assainir par tous les moyens en mon pouvoir et je fis consolider les caï nhas construites à la hâte par les Siamois qui nous avaient précédés.

Toutefois d'autres soucis vinrent grossir ma besogne ; ces messieurs à leur départ n'avaient rien pu me laisser comme vivre ou articles d'échange.

J'étais donc à bout de ressources, n'ayant plus été ravitaillé depuis le 8 avril, époque à laquelle M. Garnier m'avait laissé le peu qu'il possédait.

Je me vis donc forcé d'aller à Kon Tum où j'espérais trouver des vivres et quelques articles d'échange laissés à mon intention par la mission Pavie et confiés aux bons soins du Père Guerlach. Accompagné de trois miliciens j'effectuai le trajet de soixante kilomètres qui sépare Dak Rödé de Kon Tum et je trouvai effectivement dans ce village un stock de vivres et quelques pièces de toile à mon adresse. Le voyage d'aller et celui du retour ne fut marqué par aucun incident, j'eus même la bonne fortune de trouver à acheter une trentaine de poules et quelques coqs. J'en étais ravi, j'allais ainsi avoir des œufs frais pour mes malades, car, je ne l'ai pas encore dit, mais mon poste s'était transformé en hôpital.

Pendant les quinze jours qui suivirent le retour de Kon Tum, mon petit détachement fut cruellement éprouvé, chaque jour j'avais sept, huit, et parfois neuf hommes atteints de fièvre et de dysenterie.

Je les soignais de mon mieux et je m'appliquais surtout à faire prendre quelques aliments aux fiévreux ce qui n'était pas facile, mais avec beaucoup de patience je parvenais à leur faire boire du bouillon de poulet et manger un œuf à la coque, cela matin et soir; de cette façon, lorsque la fièvre serait passée, celle-ci durant ordinairement trois jours, ils ne seraient pas sans force aucune.

Le moral surtout était atteint chez ces malheureux, ils se croyaient perdus dans ce pays qui leur était complètement inconnu ; mais les soins que je leur prodiguais sans cesse, leur rendirent la confiance et l'énergie nécessaires, et bientôt la santé revint dans notre camp,

J'avais dit à mes hommes qu'aussitôt mon travail terminé nous retournerions en Annam ; je les occupais à divers travaux en évitant la fatigue ; de temps à autre je leur faisais faire un peu d'exercice, tout cela pour les occuper et les distraire le plus possible.

Ces contretemps n'étaient pas faits pour faciliter mon travail de topographie; en effet je ne pouvais, vu l'état sanitaire de mes hommes, me mettre en route, car il me fallait au moins six à huit jours pour tenter quoi que ce soit. Enfin le temps vint à mon secours, les orages s'apaisèrent et avec le beau temps la santé revint toute entière : je m'empressai d'en profiter.

Le 25 donc, à la tête des miliciens les plus valides, soit la moitié de mon détachement, je me mets en route.

Le temps est beau, et l'atmosphère, rafraîchie par les pluies récentes, nous permet d'espérer une marche relativement plus facile. Le chemin que nous suivons traverse d'abord les mamelons cultivés de Peleï Kram; mais, arrivé au Dak Lon, le sentier s'enfonce hardiment dans la forêt : nous arrivons au Dak Tem et nous empruntons le lit de ce cours d'eau pour parvenir jusqu'au Dak Broua, où nous retrouvons un sentier. A partir de cet endroit nous montons constamment, la forêt est moins épaisse et au fur et à mesure que nous nous élevons, l'air, qui fraîchit, se montre plus clément pour nos poumons desséchés. C'est ainsi que nous parvenons au sommet du Dor Teung, qui d'après mon estimation peut avoir 1,200 mètres d'altitude; au bas du versant opposé nous traversons le Dak Remâm, puis le chemin se poursuit dans la vallée, que nous coupons en diagonale, jusqu'au Dak Henouï, nous traversons quelques cultures, et à la nuit tombante nous atteignons la bourgade de Kon Goung-Souï.

Le lendemain matin, une heure de bonne marche au milieu de champs bien cultivés nous conduit à Kon Goung-Sam, petit village construit sur l'une des rives du Krong Pocö ou Dak Chane, la plus grande rivière de la région, qui après avoir opéré sa jonction avec le Ton-Lé-Srépok se jette dans le Mé-Khong à Stung-Treng.

Nous traversons le Krong Pocö en pirogues; celles-ci, comme toutes celles des régions montagneuses, ne sont que de vulgaires troncs d'arbres habilement creusés par les indigènes. Sur l'autre bord nous continuons notre route à travers des mamelons boisés d'un aspect très agréable et pleins de fraîcheur; nous gagnons alors Kon Trang-Méné, que nous ne faisons que traverser, ainsi que Peleï Tebao. A partir de ce hameau, dans lequel nous avions prestement expédié notre déjeuner, la marche devient très facile et comme de juste plus rapide; c'est un des rares paysages que j'ai traversés où le regard puisse s'etendre à l'aise à deux ou trois cents mètres autour de soi. Bientôt je rencontre sur le sentier une petite cabane abandonnée, et non loin de là un mince filet d'eau coulant silencieusement : ceci me fait reconnaître la route que nous avions précédemment suivie avec M. l'inspecteur Garnier. Vers cinq heures du soir nous arrivons à Kon Trang, où je savais trouver la demeure hospitalière du R. P. Irigoyen.

Je passai la journée du lendemain à Kon Trang, où j'appris qu'à l'ouest de ce village se trouvait une tribu peu nombreuse, les Hamongs.

Il paraît que ces sauvages empoisonnent fort souvent les marchands des tribus environnantes qui, pour leurs transactions commerciales, se rendent chez eux ; on les reçoit fort bien, et, quelques jours après être rentrés chez eux, ils meurent. Comme je me montrais incrédule, le R. P. Irigoyen me confirma ces dires et m'apprit qu'un Moïs des environs venait justement de mourir huit jours après son retour de chez les Hamongs et le missionnaire m'affirma que c'était généralement dans les huit jours qui suivait le retour des voyageurs que le décès se produisait.

Dès le lendemain matin, nous prenons la route des Hamongs, pendant une heure environ, le chemin d'exploitation que nous suivons est assez praticable, il conduit à des rizières de montagnes ; mais cette bonne aubaine ne dure pas longtemps et nous voici de nouveau dans la forêt. Le guide ne se dirige qu'au jugé, car du sentier il n'y a plus trace ; nous avançons lentement au milieu de cette épaisse forêt qu'il nous faut trois heures pour traverser ; là où la forêt cesse le terrain se mamelonne et se couvre de hautes herbes ; à chaque instant nous rencontrons des bauges de tigres, trouvailles peu rassurantes, et des passées d'animaux nous servent de sentier.

Dans ces hautes herbes il fait une chaleur accablante, et pas un arbre, pas le plus petit ombrage ; nous apercevons enfin un rideau d'arbustes, et comme nous approchons nous remarquons des abatis de bambous protégeant un mamelon cultivé ; des Moïs qui s'y trouvaient en train de travailler, nous apercevant, prennent la fuite.

Aussitôt, nous faisons halte ; le guide et quelques porteurs rappellent les indigènes en essayant de les rassurer ; bientôt une tête bronzée émergeait d'un buisson, puis une autre, et nous voici en présence d'une dizaine de Moïs qui se groupent non loin de nous. Nous entrons en pourparlers avec eux et nous leur demandons de nous conduire à leur village ; ils acceptent sans difficulté, et nous emboîtons le pas derrière eux ; peu après, nous voici de nouveau sur les bords du Krong Pocö, que nous traversons dans leurs pirogues, et nous arrivions à Peleï Ketol, situé sur la rive droite de ce fleuve.

Ce village, qui compte environ cent cinquante habitants, ne se trouve éloigné de Kon Trang que de douze kilomètres ; malgré cela, il nous avait fallu sept heures d'efforts pour franchir cette petite distance, grâce au fouillis de la forêt où, privés de tous sentiers, nous n'avions marché qu'à tâtons.

A Peleï Ketol nous fûmes bien reçus et après y avoir passé une bonne nuit, nous repartions dès l'aube, le chef de village nous faisant l'honneur de nous accompagner ; et nous voici de nouveau dans un chemin inextricable, nous démenant encore dans la brousse, mais bientôt nous atteignons Peleï Klao.

Le manque de porteurs nous contraignit à y déjeuner, pendant ce temps, le chef de village qui avait bien voulu nous accompagner se met en devoir d'en rassembler une douzaine, car, étant donnée l'époque des semailles, tous les habitants étaient occupés aux champs.

Nous achevons à peine notre déjeuner que les coolies sont prêts, et nous reprenons aussitôt notre route ; au sortir du village j'ai l'occasion de remarquer la manière usitée chez les Moïs pour ensemencer leur rizière : dès que le champ est défriché et débarrassé des mauvaises herbes, des femmes Moïs tenant dans chaque main un pieu en bois de fer de deux mètres de long, marchent lentement dans le champ à ensemencer, à chaque pas elles laissent retomber alternativement un des pieux dont l'extrémité s'enfonce dans la terre de plusieurs centimètres, formant ainsi un trou. Derrière ces femmes, de jeunes Moïs jettent de la main gauche quelques grains de semences dans ces trous, tandis que de leur main droite, avec l'aide d'une sorte de petite pelle en bois, elles recouvrent les grains de riz de quelques parcelles de terre.

Mais adieu les champs, adieu les terrains cultivés, voici que de nouveau le pays s'accidente et le sentier monte presque à pic sur les flancs d'un petit massif montagneux; de sourds grondements s'élèvent de toutes parts et montent jusqu'à nous avec des notes variées ; ce sont des torrents qui coupent en tous sens le massif. Les uns s'encaissent profondément dans la montagne, d'autres au contraire rebondissant de roches en roches semblent émerger de son flanc; nous franchissons ces torrents à califourchon sur des troncs d'arbres jetés d'une rive à l'autre, puis le sentier ondule un instant sur le sommet d'un col et à la montée succède la descente. Nous arrivons ainsi au fond d'un véritable entonnoir tout noir de verdure et d'un aspect à la fois vraiment pittoresque et sauvage; c'est alors qu'au détour d'un rideau de verdure nous apercevons le village de Peleï Cay, appelé ainsi du nom du chef de village, mais également connu sous le nom de Peleï Dak Denal.

L'accueil que l'on nous y fait est froid. Toutefois, nous nous installons dans la nhia ron (1); je demande alors si l'on peut me vendre un cochon, et

(1) Maison commune.

sur une réponse affirmative le marché se conclut. Cependant, le froid accueil qui m'était fait m'engageait à redoubler de vigilance, et les récits d'empoisonnement que l'on mettait sur le compte de cette tribu me revinrent à la mémoire. Deux ou trois linhs vont eux-mêmes chercher l'eau dont nous pouvions avoir besoin à une source que nous avions remarquée assez loin du village ; puis je renouvelle certaines recommandations à mes hommes et je leur défends formellement de consommer quoi que ce soit qui leur serait offert par les indigènes.

Comme je n'avais pas été très bien reçu par les habitants du village, je tentai de les faire revenir sur la mauvaise impression que nous avions pu leur causer; pour cela, je fis demander le chef Cay et quelques notables, et je m'empressai de leur offrir un tiers environ du cochon qu'ils m'avaient vendu. Dès cet instant, la glace fut rompue et bientôt ils revinrent, et non contents de m'offrir des poulets, des œufs et des bananes, ils m'invitèrent à boire le vin de riz.

J'acceptai et les préparatifs commencèrent.

En général, tous les villages Moïs sont disposés de la manière suivante : d'abord un grand espace libre plus ou moins nivelé, puis autour de cet espace se groupent les habitations qui forment ainsi une circonférence plus ou moins exacte ; au centre, c'est-à-dire au milieu de l'espace précité, s'élève la nhia ron. C'est aussi dans cette sorte de cour du village que la cérémonie du vin de riz a lieu.

A cet effet sept ou huit pieux sont solidement plantés en terre, non loin de la maison commune; on fixe à chacun d'eux une jarre de grès vernissée d'une contenance de vingt à trente litres, de façon à ce que la plus belle se trouve auprès de la nhia ron; on introduit dans chacune d'elle du riz fermenté ainsi que deux ou trois autres ingrédients dont je n'ai pas gardé la souvenance; et le tout est arrosé d'eau. Pendant ce temps on allume en plein air de grands brasiers, et tandis que le riz et différentes autres choses cuisent à leur aise, les habitants enfilent des morceaux de porc dans de longues tiges de bois mince et les font rôtir doucement en les promenant sur le feu.

Tous ces apprêts donnent au village un air de fête; enfin, tout est cuit, tout est prêt, et le chef vient me chercher. Je n'ignorais point la particularité qui consiste en ce que l'étranger à qui on fait les honneurs de la fête doit boire le premier à la plus belle jarre; mais mes méfiances ne m'avaient pas quitté, et craignant un piège sous ces apparences amicales, je me promis de faire bonne garde; le chef me tendit alors le long tube en bambou flexible que l'on plonge dans la jarre et par lequel on aspire le liquide. Je le priai de dégorger le tube, et comme il n'avait absorbé qu'un centilitre à peine du liquide, je le priai à nouveau de boire, ce qu'il fit de bonne grâce; nous défilâmes ainsi devant quelques jarres, après quoi je m'arrêtai malgré l'insistance des habitants à ce que je busse dans toutes. Je recommandai une dernière fois à mes hommes de bien prendre garde à eux et de ne boire qu'où j'avais bu.

Le goût de ce breuvage, qui grise très bien si on en boit beaucoup, n'est pas désagréable; on le trouve même fort bon lorsqu'on est altéré : il ressemble assez à du verjus, et pour les personnes qui n'y sont pas habituées, il a la même propriété que les boissons acidulées, tels que cidre, poiré, etc. Je n'attendis pas la fin de la fête, qui se prolongea assez avant dans la nuit, et bientôt étendu sur ma couverture, je m'endormis au son bizarre des gongs, qui continuaient leur charivari.

Le lendemain matin nous faisions nos adieux aux habitants et, frais et dispos, nous nous mettions en route guidés par Cay. Au sortir du village, nous nous élevons très rapidement par un véritable sentier de chèvre qui, en une heure d'escalade, nous mène au sommet d'un piton, puis nous continuons notre marche sous bois en suivant une ligne de faîte de montagne qui peut avoir six cents mètres d'altitude ; la chaleur est telle que nous sommes parfois obligés de nous arrêter pour souffler un peu ; nous avançons sous un véritable berceau de verdure ; il est dix heures du matin et voici déjà deux heures que nous marchons lorsque tout-à-coup le rideau de verdure qui nous entoure se déchire brusquement.

Un panorama de la plus grande magnificence s'offre alors à notre vue. Je crois même que c'est un des plus beaux qu'il me fût donné d'observer au cours de mes expéditions. Une immense plaine mamelonnée se déroule majestueusement devant nous. Au Nord et au Nord-Ouest, ces ondulations sont arrêtées par les contreforts des montagnes de Keuiong ; au Sud et à l'Ouest, la chaîne de montagnes semble violemment déchirée sous l'effort d'anciennes convulsions plutoniennes, et une trouée immense, vallée sans fin, laisse apercevoir la ligne bleuâtre de l'horizon et nous mène, par la pensée, jusqu'aux rives du Mé-Khong. Une luxuriante végétation, dont les ardents rayons du soleil ne parviennent pas à pénétrer le vert sombre, s'étend aussi loin que l'horizon. Au milieu de ce fouillis de verdure, de cette vaste agglomération de plantes tropicales, où les essences les plus variées entrelacent leurs feuilles, on aperçoit quelques taches légèrement grises : l'on devine que ce sont des villages. Là-bas, là-bas, à droite, il me semble reconnaître Dak Rödé; plus loin, à gauche, il me semble voir s'estomper la bourgade de Peleï Kleng; puis, à nos pieds, je distingue les caï nhas de Peleï Kebaï, et, sur ce tableau féerique, pèse une atmosphère de feu où parfois quelques rares oiseaux planent péniblement.

Hélas ! il faut nous arracher à cette contemplation. Mais, avant de reprendre notre route, nous jetons un dernier regard sur cet océan de verdure pour en graver la beauté sauvage dans notre esprit. Le sentier s'engage dans une descente des plus rapides, puis disparaît sous des arceaux de verdure, et, pour suivre ses sinuosités, nous sommes obligés de nous courber; mais la poésie fait bientôt place à une rude pratique, le feuillage, qui devient de plus en plus touffu et épais au-dessus de nos têtes, s'abaisse graduellement, et, après nous être courbés en deux, c'est sur les mains et les genoux qu'il nous faut glisser à travers les lianes, les sureaux et les rotins pour terminer cette désagréable descente, qui ressemble beaucoup plus à une passée de fauves qu'à un sentier suivi de temps à autre par des êtres humains.

Nous étant arrêtés pour reprendre haleine, le chef Cay, à qui je me plaignais du peu de viabilité du sentier, me répondit que chaque fois qu'une tribu n'entretenait pas avec sa voisine des relations suivies, elle entassait à dessein obstacles sur obstacles et le chemin devenait ainsi presque impraticable. Ces tribus se créent réciproquement une sorte de garantie contre les attaques inopinées, et, comme l'industrie est fort pauvre chez elles, c'est dame Nature qui fait tous les frais de défense. Très fréquemment, c'est une chaîne de montagnes, des mamelons boisés qu'il faut traverser pour passer d'une tribu à une autre, et le chemin, singulièrement enchevêtré, demande souvent plus de douze heures de marche et d'efforts.

C'est avec plaisir que nous apercevons Peleï Kebaï, situé sur la route de Kon Tum au poste de Dak Rödé, et, vers onze heures, nous atteignons ce village.

Le chemin que nous venons de suivre entre Peleï Klao, Peleï Cay et Peleï Kebaï offrirait des difficultés presque insurmontables à toute mission pourvue d'animaux de bât.

Tout en prenant mon repas, je m'entretins avec les habitants qui me manifestèrent leur vif plaisir de voir la contrée occupée par les Français et de se trouver ainsi à l'abri des exactions des agents siamois et laotiens.

En quatre heures de marche, j'avais rejoint mon poste ; le chemin qui de Peleï Kebai conduit à Dak Rödé est très praticable pendant la saison sèche, mais, pendant les pluies, les crues du Dak Chir qui la coupe cinq fois la rendent presque impraticable.

Je passai les quatre jours qui suivirent à mon poste où, certes, les occupations ne me manquaient pas ; j'avais à soigner les malades, au nombre de quatre ou cinq sur un effectif de quinze hommes, à mettre mes notes à jour et à m'entretenir avec D'jogoun, le chef de village qui me rendait de fréquentes visites.

C'est au cours d'une entrevue avec D'jogoun que

j'appris que Luong Sakhon, au lieu de suivre la route que nous avions nous-mêmes précédemment suivie pour rejoindre la route d'Attopeu, avait, au c ntraire, pris un sentier se dirigeant directement au Nord et D'jogoun m'apprit encore qu'il y avait de ce côté de grands villages.

L'espoir de trouver une route plus praticable et plus courte se dirigeant de Dak Ŗödé sur Attopeu me fit faire mes quelques préparatifs au galop et le 4 juin au matin, aussitôt que la pluie torrentielle qui avait duré toute la nuit eut cessé, nous nous mettions en route ; il était sept heures du matin. J'emmenais avec moi neuf miliciens, mon interprète et douze porteurs. De nouveau, en route, me voici encore sur le sentier ; pendant une heure et demie nous traversons les mamelons cultivés des villages de Peleï Kram et Peleï Gia, puis nous entrons en forêt. Le sentier fait place à une brousse impénétrable, c'est la forêt vierge dans toute sa splendeur et dans tout son mystère. C'est merveille de voir les naturels du pays se diriger au sein de ce cloaque de verdure ; c'est une pierre dont la couche de mousse s'est un peu flétrie, quelques touffes d'herbes foulées ; plus loin, d'autres indices leur sont encore fournis par un arbre renversé qui porte quelques traces visibles pour eux seuls, plus loin encore, c'est l'empreinte d'un pied sur le sol humide, sol rendu plus humide encore par les derniers orages. A chaque pas, nous sommes arrêtés les uns ou les autres par une branche qui nous retient au passage ; et si, pour les éviter, on lève le nez en l'air, c'est une liane traîtresse dans laquelle vos pieds s'enchevêtrent ou bien c'est un tronc d'arbre renversé en travers de la broussaille dont la conséquence est une chute ou quelques enjambées faites involontairement au pas gymnastique ; tout ceci est une véritable fatigue mais le pire des maux, c'est la sangsue : longue de trois ou quatre centimètres et pas plus grosse qu'une allumette, c'est par quantités prodigieuses qu'elle infeste ces forêts : elle monte silencieusement le long de vos jambes, s'introduisant par la moindre déchirure de vos vêtements, elle gagne la ceinture ou bien s'introduit encore par les œillets des chaussures, et comme la chaussette n'est jamais suffisante pour vous protéger contre son atteinte, elle est aussitôt sur votre épiderme. Alors, de temps à autre, une légère piqûre vous rappelle à l'ordre, vous invitant à enlever au plus vite ce désagréable compagnon de voyage qui est en train de faire un repas succulent au détriment de vos forces ; lorsque l'on retire la sangsue, le sang coule abondamment et il faut souvent employer le perchlorure de fer pour arrêter l'hémorrhagie.

Parfois il m'arrivait que, ne voulant pas prendre le temps nécessaire à me déchausser, ce qui nécessitait forcément l'arrêt de la colonne, je me laissais tranquillement dévorer ; d'autres fois encore, et par suite de la chaleur, je ne ressentais pas de piqûre, et lorsque j'arrivais à l'étape je trouvais deux de ces affreuses bêtes sur une jambe et trois sur l'autre, et ceci sans exagérer.

Les Moïs, pour se préserver de ces piqûres, se frottent les jambes avec un fruit rouge qu'ils vont chercher dans la forêt ; ce fruit ressemble assez à la datte, ils l'écrasent en y mélangeant un peu de cendre, puis ils s'étendent cette pâte sur les jambes, et ils sont alors invulnérables ; mais, hélas ! au premier ruisseau que l'on traverse l'eau enlève cet enduit et l'on doit recommencer le badigeonnage, chose très fastidieuse, vu le grand nombre des ruisseaux.

Notre marche s'effectue lentement, on n'avance qu'avec mille difficultés; nous traversons quelques mamelons, puis nous débouchons sur le Dak Hiah. En suivant le bord de cette petite rivière, nous ne tardons pas à trouver des abris que les Siamois, lors de leur récent passage, avaient construits pour la nuit; nous en profitons pour y déjeuner. Les feux s'allument rapidement, tandis que j'observe anxieusement l'état du ciel, qui se noircit de plus en plus ; en effet, nos aliments étaient à peine cuits qu'une véritable trombe d'eau s'abat sur nous, et en un instant nous sommés trempés jusqu'aux os ; nous nous hâtons de mettre en sûreté notre maigre déjeuner, que nous absorbons prestement.

Bientôt un gai rayon de soleil succède à la bourrasque; nous sommes trempés, mais il faut partir. Bah! on se séchera en route; notre marche continue dans un bas-fond et dans les mêmes conditions que le matin; c'est toujours l'épaisse brousse, c'est toujours les sangsues. Vers quatre heures de l'après-midi nous atteignons le Dak Hadraï, dont le lit nous sert de chemin pendant quelques centaines de mètres, et nous arrivons en vue d'une immense plaine couverte de pins et parsemée de massifs. Quel plaisir, nous allons donc pouvoir avancer plus vite et plus librement. Deux heures de cette marche nous conduisent au pied de mamelons que nous escaladons bravement, et vers sept heures nous arrivons à Yan Lô.

Le village est vaste, et son chef, nommé Piesanne, nous y reçoit fort bien ; accompagné de plusieurs notables, il vient nous offrir quelques présents. De mon côté, je leur donne quelques brasses d'andrinople rouge, étoffe qu'ils affectionnent particulièrement; j'y joins des perles, du fil de cuivre et autres menus objets pour les enfants.

J'appris avec un vif plaisir que Luong Sakhon n'avait rien pris dans ce village; il avait simplement réquisitionné des porteurs pour le transport de ses bagages jusqu'à Kon Tong D'jeulan.

Comme le chef achevait de parler il me fit voir un pavillon Siamois; de prime abord je crus que ce pavillon lui avait été remis par Luong Sakhon lui-même, mais il n'en était rien et voici ce que j'appris: Luong Sakhon avait définitivement pris la route d'Attopeu, mais une autre mission siamoise forte d'une cinquantaine d'hommes et ayant sept ou huit éléphants porteurs était parvenue à Dak Plung. De ce point elle devait, paraît-il, passer par Dak Ré et gagner une route longeant le Krong Pocö, puis continuer sa marche sur Kon Tum, en évitant ainsi le poste de Dak Rödé.

C'est cette expédition siamoise qui avait envoyé un émissaire portant ce pavillon avec mission de prélever une certaine quantité de riz et des vivres.

Les habitants avaient retardé le plus possible la livraison de ces marchandises, et comme ils allaient se voir obligés de s'exécuter, ils apprirent que je me dirigeais de leur côté et s'empressèrent d'en informer les Siamois; l'effet fut magique: l'émissaire remontant sur son éléphant détala au plus vite abandonnant son drapeau dans le village.

Il m'avait fallu trois longues heures de patience pour grouper ces divers faits; le milicien qui me servait d'interprète pour le français-annamite, était malheureusement bien faible sur notre langue, de là une très mauvaise traduction que l'interprète Annamite-Moïs estropiait encore ; le chef du village et les habitants qui m'avaient raconté ces divers évènements riaient comme des bossus à l'idée du bon tour qu'ils avaient joué à l'émissaire siamois. Les trois Moïs qui avaient apporté la nouvelle de notre approche se chargèrent de la partie mimique du récit : avec force gestes ils mimèrent leur entrée dans le village, expliquant aux habitants que des soldats avec des fusils sous la conduite d'un Quan-Fallanh (1) coiffé d'un casque blanc arrivait vers eux : ils mimèrent ensuite la terreur des Siamois se précipitant dans les cases, enlevant prestement ce qui leur appartenait et d'un bond sautant hors de la nhia ron, mettant précipitamment le bât sur le dos de leurs éléphants et s'enfuyant rapidement. Cette pantomime exécutée à la grande joie des habitants qui s'amusaient énormément de cette scène était vraiment très drôle.

Muni de ces renseignements, je quittai le village dès le lendemain matin, guidé par le chef : nous marchions sur Dak Plung afin de rejoindre les Siamois.

La route bien tracée se fraye un chemin à travers quelques collines, puis s'enfonce sous bois ; la marche est facile, nous avançons rapidement. Nous sommes bientôt sur les bords du Dak Kal que nous passons à gué, n'ayant de l'eau que jusqu'aux genoux. Mais sur l'autre rive, adieu la belle route, la marche devient très difficultueuse dans une épaisse

(1) Officier français.

forêt de bambous épineux ; on n'avance que lentement et, à l'aide du long sabre Moïs qui fauche, tranche et abat de toute part. Nous atteignons le Dak Henieng que nous franchissons, et là nous pouvons souffler un peu. Le sentier devient de plus en plus praticable au fur et à mesure que nous avançons.

Cent mètres avant d'arriver au village de Dak Plung, nous croisons un sentier qui conduit à la fameuse porte du Laos, citée plus haut et de ladite porte aux différents villages Keuiongs. Le chef et les habitants de Dak Plung viennent à notre rencontre et nous font le plus chaleureux accueil. Ce village, avec celui de Yan Lô, rentre dans la catégorie des grandes bourgades Moïs qui peuvent compter cinq cents habitants environ.

A peine arrivé, je questionne les chefs qui m'apprennent qu'aussitôt le retour de l'émissaire Siamois venant de Yan Lô, apportant la nouvelle de notre arrivée, la mission siamoise avait prestement sellé ses éléphants, et le soir même, malgré la nuit, elle partait précipitamment dans la direction d'Attopeu. Tranquillisé sur ce point, qui m'avait demandé beaucoup de temps à éclaircir, je décidai de passer le reste de la journée dans cet endroit et d'y mettre mes notes à jour.

Dans la soirée, quelques Moïs venant des villages situés dans la direction suivie par les Siamois, m'apprirent que ces derniers ne s'étaient arrêtés nulle part, poursuivant leur route qui n'était autre qu'une fuite précipitée sur Attopeu.

Les porteurs de Peleï Kram venus avec nous jusqu'à ce point, ne pouvaient aller plus loin ; trois jours passés hors de chez eux étaient le bout du monde. J'entamai donc des négociations avec les habitants qui, contre mon attente, furent très laborieuses, en effet, nous étions en pleins travaux agricoles, et, d'autre part, toutes ces missions qui se succédaient parmi eux leur faisaient perdre un temps précieux, et la saison n'attend pas. Je parvins toutefois à les décider en leur montrant ce que je leur donnerais pour prix de leurs peines, toile rouge, fil de cuivre pour bracelet, perles, etc..., et le moment du départ fût fixé à six heures le lendemain matin.

Le soir, on but le vin de riz en notre honneur et ce n'est que vers dix heures que je pus m'allonger sur ma couverture laissant les habitants continuer leur petite fête. Le lendemain, au moment de partir, un de mes miliciens déjà malade la veille, était hors d'état de continuer la route.

Nous lui fabriquons un hamac tant bien que mal; puis je m'entends avec les porteurs de Peleï Kram qui vont rejoindre leur village, et ces derniers me demandent un bœuf, prix moyennant lequel ils s'engagent à transporter le malade jusqu'à notre poste.

Il est sept heures et mes nouveaux porteurs ne sont pas encore arrivés, l'interprète envoyé pour les faire se dépêcher rentre en me disant que ces messieurs prenaient leur repas ; j'attends encore patiemment et, au bout d'une demi-heure, comme sœur Anne ne voyant rien venir, je me décide à aller les chercher moi-même. Ce n'est pas sans se faire tirer l'oreille que peu à peu ils se chargent des bagages ; six coolies annamites auraient suffi pour leur transport, tandis qu'il me faut vingt à vingt-cinq Moïs pour porter huit jours de vivres et un léger stock d'articles d'échange.

Enfin, nous partons. Ouf ! quel soulagement, je croyais n'y pouvoir réussir, il est huit heures et quelques minutes. Nous entrons immédiatement en forêt où, cependant, le sentier est bon, nous avançons rapidement jusqu'au Dak Rouil ; à partir de cet endroit, le terrain s'élève et nous voici gravissant une série de montagnes de trois à quatre cents mètres d'élévation, aux descentes très rapides.

Arrivé au Dak Lvé, le chemin se poursuit à travers des collines cultivées, où un soleil de plomb nous pèse sur les épaules ; un fort accès de fièvre me prend subitement, il est onze heures et nous marchons toujours, la chaleur est de plus en plus suffocante, nous en souffrons tous ; vers midi et demi nous arrivons inopinément devant le village de Dak Kon, où nous entrons sans parlementer, d'où il résulte une fuite générale des habitants.

Nous montons dans la maison commune et nous nous y installons pendant que l'interprète et nos porteurs annoncent à tous les échos nos intentions pacifiques ; moins d'une heure après, le chef de ce hameau arrivait, suivi d'une trentaine de guerriers armés de leurs longues lances (1). Je m'empresse de lui faire expliquer les motifs de notre brusque entrée dans son village, c'est-à-dire la fièvre et la chaleur, et bientôt nous sommes les meilleurs amis du monde. A la suite d'une conversation animée qui s'engage entre les porteurs et le chef, ce dernier me demande un drapeau, je le lui remets avec le plus grand plaisir, et il s'empresse de l'arborer dans la maison commune.

Pendant ce temps, tout le monde a déjeuné et nous

---

(1) Cette arme accompagne partout le Moïs qui sort de son village.

quittons le village vers deux heures. Ici le chemin est magnifique et on peut facilement marcher deux de front : au début, la route gravit quelques mamelons et descend ensuite dans une petite vallée fort blen cultivée où je puis faire des visées de deux cents mètres et plus. Ce bon chemin se continue jusqu'à Kon Tong D'ieulan où nous arrivons vers cinq heures et demie. Nous sommes bien reçus par les habitants qui s'empressent de nous apporter de l'eau fraîche, du bois, etc..., puis il nous préparent des châlits, ce qui me fait présumer que le pays devait être souvent visité par les Siamois et Laotiens, car les Moïs du centre couchent simplement sur le plancher de leur habitation.

Le chef de ce village vient comme de coutume me souhaiter la bienvenue et m'offrir le cadeau traditionnel qui se compose de poulets et de quelqnes œufs; ce chef m'apprend ensuite que Luong Sakhon a prélevé environ quinze piculs de riz et des cochons ; ces braves gens sont à chaque instant mis à contribution par les Siamois, aussi notre arrivée est-elle bien vue, car ils espèrent que nous les mettrons à l'abri de ces rapines.

Quant à la mission qui fuyait devant nous, elle n'avait fait que passer rapidement se dirigeant toujours sur Attopeu.

Le 7 juin au matin, hors des griffes de la fièvre, qui, grâce au quinine avait battu en retraite, nous quittons cet hospitalier village, précédé du chef qui avait mis à notre disposition le seul éléphant qu'il possédait pour le transport de nos bagages. Le chemin est toujours des plus faciles et des plus agréables ; il se poursuit au milieu d'une riante vallée parfaitement cultivée et nous conduit bientôt à Kon

Tong Dak, le dernier grand village Moïs que l'on rencontre sur la route d'Attopeu.

A notre arrivée, personne ne se dérange; je me dirige alors vers la plus grande maison commune où j'aperçois une quantité de Moïs qui semblent réunis en conseil. Ces sauvages n'ont pas l'air, tant s'en faut d'être charmés de notre visite, toutefois, je pénètre dans la nhia ron avec l'interprète, suivi à quelque distance de mes miliciens; je sens à l'acueil qui nous est fait que ces gens-là sont prévenus contre nous, mais, bah! nous verrons bien. L'éléphant qui vient d'arriver est déchargé et nos provisions installées dans un coin de la caï nha. Les indigènes qui l'occupent ne se dérangent en rien pour nous aider et même pour nous faire un peu de place, au point que je me vois contraint de leur faire dire qu'ils aient à se serrer un peu, ce qu'ils exécutent de mauvaise grâce; ils échangent quelques mots avec les habitants du village précédent qui ont accompagné l'éléphant et bientôt un dialogue s'engage, dont je dois être le sujet, car en parlant ils me regardent souvent. Comme il me semblait que la glace fondait peu à peu, je me fis présenter le chef de village. Sept chefs répondirent à l'appel; je leur offris quelques menus objets tout en les questionnant sur la région; j'apprend alors que les Siamois ne sont pas passés par ici (1) et, renseignement précieux, que le Krong Pocö coulait non loin de là.

Je m'empresse de m'y rendre, je n'avais pas fait deux cents mètres que j'étais sur ses bords; les rochers, dont le lit de ce fleuve est obstrué, dispa-

---

(1) Ils avaient pris la route directe de Khon Ton D'Jeulan à Attopeu.

raissaient sous les eaux d'une forte crue ; la marche des eaux était rapide et aucun bouillonnement ne venait trahir des roches à fleur d'eau, c'était une crue formidable; de temps en temps, des rochers émergeaient de plusieurs mètres, mais il y avait suffisamment d'espace entre eux pour qu'un radeau pûisse passer à l'aise et je formai le projet de descendre le Krong Pocö sur un esquif de ce genre.

Il me fallait être diplomate pour mettre mon projet à exécution.

De retour à la maison commune, je félicitai les chefs et les habitants sur la beauté de leur village, qui possédait effectivement trois ou quatre nhia ron, et sur l'importance et l'étendue de leurs cultures. Je leur expliquai également les motifs de notre venue qui devait les mettre un jour à l'abri des rapines des Siamois ; tout cela fut bien long à leur faire comprendre,mais j'y parvins enfin, et jugeant le terrain suffisamment préparé pour donner le dernier coup de hache dans la glace, je leur dis qu'étant très heureux de me trouver au milieu d'eux, je voulais que tout le monde fît la fête en signe de réjouissance, et que pour cela je leur demandais de me vendre le plus gros cochon de leur village, que je me ferais un plaisir de le leur offrir. Quand l'interprète eut achevé de leur traduire mes paroles, un vif sentiment de plaisir se peignit sur ces physionomies expressives qui, quelques moments auparavant, ne me disaient rien de bon (j'avais effectivement appris par les missionnaires que les habitants de cette région, jusqu'alors inconnue des Européens, étaient en grand nombre et d'humeur belliqueuse, et je savais que, vu le peu de linhs que j'avais avec moi, c'était s'exposer que de pénétrer sur leur territoire).

Un colloque très animé s'engage aussitôt entre eux, puis s'armant de leur longues lances ils font éclater leur joie, qui se traduit par des causeries et des rires; pendant ce temps, cinq ou six jeunes guerriers se précipitent hors de la nhia ron et se mettent à la poursuite du gibier dont il a été question, et peu de temps après, on m'apportait lardé de coups de lance un superbe échantillon de l'espèce. Il me coûta quatre brasses de coton rouge (1) et une de toile blanche. Tandis que mes miliciens s'adjoignaient aux Moïs pour procéder à la toilette du porc, je terminais mentalement l'élaboration du plan que j'avais conçu de descendre le Krong Pocö en radeau et par suite d'en lever le cours jusqu'à Kon Goung Sam; par terre c'était chose absolument impossible, et c'eût été pure folie de l'entreprendre, car la forêt vierge s'étendait le long de ses bords; il m'aurait fallu un temps dont je ne pouvais disposer, et, lors même je l'aurais eu, les nombreux torrents, grossis par les pluies diluviennes de la saison, m'auraient irrévocablement barré la route.

A l'œuvre donc, car c'est par centaines, que j'avais besoin de bambous pour la construction de deux radeaux.

Il me fallut beaucoup de patience et de longues heures pour arriver à mes fins, on m'objecta d'abord qu'il y avait peu de bambous dans la région et que le peu qu'il y avait, se trouvait sur la rive gauche du fleuve en ce moment très dangereux à traverser en pirogue; comme j'insistais, on me dit encore qu'il tombait beaucoup d'eau et que les endroits de la

(1) Andrinople.

forêt où se trouvait le bambou étaient infectés de sangsues.

Qu'il tombât beaucoup d'eau, certes, je voulais bien le croire, car depuis notre arrivée dans le village le ciel s'était transformé en une véritable cataracte et une pluie torrentielle n'avait cessé d'inonder la région, mais qu'il y eût peu de bambous, non, car j'avais eu le temps d'en apercevoir des forêts entières dans les environs. Je changeai donc de thèse et je leur dis que, puisqu'ils ne pouvaient me procurer les bambous dont j'avais besoin, ce que j'aurais payé, ne voulant pas les faire travailler pour rien, je repartirais par la route et qu'ils seraient, en ce cas, obligés de me porter mes bagages, j'ajoutai même, qu'en construisant les radeaux, c'était aussi leur épargner beaucoup de fatigues. Ce dernier argument parut les ébranler fortement, et une discussion très animée s'engagea entre eux. Enfin, au bout d'un quart d'heure, l'interprête m'annonçait qu'ils préféraient couper les bambous nécessaires à la confection des radeaux et il fut entendu que le lendemain matin ils se mettraient à l'œuvre et que je les récompenserais une fois le travail terminé.

Pendant ces longs pourparlers, la nuit était presque venue et des cris de joie me rappelèrent que le village était en fête. L'énorme bête achetée quelques heures auparavant gisait maintenant délicatement coupée par morceaux sur des feuilles de bananiers.

J'en prélevai le strict nécessaire pour moi et mon monde et j'offris le reste aux habitants et aux chefs du village; peu après, ces derniers revinrent m'apporter un présent, plusieurs poulets, des œufs, des bananes, du tabac et quelques morceaux de canelle.

Comme je m'étonnais de la présence de cette essence, j'appris qu'il y en avait en assez grande quantité dans la région, et comme complément on m'expliqua que je me trouvais dans un village de la puissante tribu des Sedangs.

Durant toute la nuit et la journée du lendemain qui se trouvait être le 8 juin, il fit un temps affreux; pendant les orages je mettais mes notes à jour, et quand une accalmie apportait une éclaircie, tout le monde travaillait sous ma direction à la construction des radeaux. Quand je dis tout le monde, c'est de la majeure partie des habitants, dont j'entends parler, soit une escouade de trois cents travailleurs environ.

J'apportai tous mes soins à la construction des radeaux et fis en sorte qu'ils soient de la plus grande solidité, sachant par expérience que jamais ils ne sont trop bien construits; le soir même, le plus important du travail était terminé.

La nuit fut horrible; ce ne fut qu'un fracas assourdissant de coups de tonnerre, que ne parvenait pas à assourdir le bruit formidable du Krong Pocö, dont les eaux débordées se heurtaient furieusement contre les rochers; les éclairs d'un éclat inouï se succédaient avec une rapidité vertigineuse, on eût dit que la terre et l'espace étaient la proie des flammes, tandis que des trombes d'eau, véritables cataractes, s'abattaient sur nos pauvres caï nhas, inondant la région. Je ne pouvais me défendre d'une impression pénible et je me sentais envahir d'une vague inquiétude que l'on ressent généralement, lorsque l'on assiste à quelques formidables phénomènes de la nature.

Une lueur douteuse vint enfin m'arracher à ma

contemplation car j'avais passé la nuit à admirer ce déchaînement des éléments; c'était l'aube et aussi l'apaisement de la bourrasque. Un jour, rendu blafard par les masses de vapeurs suspendues dans l'air, vint nous éclairer faiblement, pendant qu'une petite pluie fine continuait à tomber, dernier symptôme de l'effroyable tempête de la nuit. Les préparatifs de départ sont continués activement; deux abris sont construits sur nos radeaux et bientôt ces derniers, complètement armés, sont prêts à prendre le large.

Nous y installons rapidement les bagages; les armes, munitions, vivres, vêtements et même les moindres objets y sont solidement amarrés; comme on le verra, cette précaution ne fut pas inutile. Sur l'un des radeaux, je fis embarquer six miliciens, et moi-même je m'installai sur l'autre avec mes deux interprètes et deux linhs. Ceci s'opérait au milieu de plus de trois cents Moïs groupés sur la berge; enfin, à huit heures quarante du matin, je donnais le signal du départ, et nos radeaux étaient rapidement entraînés au milieu du Krong Pocö. Alors, chose inouïe, ces sauvages, qui nous avaient si froidement accueillis, poussèrent un triple hurrah d'adieu auquel je répondis par quelques coups de fusil que longtemps l'écho répéta.

A peine au milieu du fleuve, nous sommes entraînés avec une violence inouïe. Un moment ahuris par cette vitesse vertigineuse et par l'eau qui nous fouette le visage, nous reprenons bientôt notre sang-froid, lorsque tout à coup des basses branches, qui baignent dans l'eau et que l'on ne peut éviter, arrachent en un clin d'œil les abris construits sur nos radeaux. Quant aux hommes, bien accrochés, et aux bagages, bien amarrés, tout était sauf. Le courant avait une action énorme sur la masse de nos radeaux, qui, épais de 60 centimètres environ, longs de 5 mètres et larges de 3, offraient beaucoup de prise à la poussée de l'eau.

Nous passons ainsi devant plusieurs villages sans qu'il nous soit possible d'y aborder, car, malgré les rames et les perches dont nous sommes munis, nous ne gouvernons pour ainsi dire pas nos lourds esquifs; le courant est désormais notre maître, et c'est à peine si nous parvenons à éviter les chocs terribles contre les rochers dont le lit du Krong Pocö est encombré. Parfois, le heurt inattendu d'une roche qui échappe à nos regards nous enlève un paquet de bambous qui se détache avec fracas. Plus loin encore, c'est un rocher plus ou moins arrondi qui nous barre la route et que nous ne pouvons éviter; alors, l'avant du radeau monte, monte lentement sous l'effroyable poussée du courant. Allons-nous demeurer prisonniers sur la crête de cet îlot d'un nouveau genre? Mais non, l'avant du radeau sort de l'eau, tandis que l'arrière s'y enfonce, une ondulation plus forte que les autres fait basculer l'esquif et nous passons. Alors, une véritable trombe d'eau passe sur nos têtes, nous inondant complètement, l'avant de notre radeau plonge à plus de 60 centimètres sous l'eau, et nous aurions été infailliblement enlevés si nous n'avions eu la précaution de nous tenir accroupis en nous cramponnant énergiquement.

Voici deux heures que nous naviguons de la sorte, nos radeaux, par suite de chocs nombreux, sont presque hors d'état de continuer, et une crainte terrible vient m'envahir, celle de les voir complètement disloqués et mes hommes à la merci d'un courant qui ne leur eût pas fait grâce. Soudain, un choc formidable, que rien ne faisait prévoir, nous renverse les uns sur les autres, et, lorsque je me relève, le milicien qui se trouvait à l'avant pour signaler et parer autant que possible les rochers avait disparu. D'un bond, j'étais sur le bord du radeau; après avoir observé plusieurs secondes la surface du fleuve, j'aperçus une forme humaine se débattre désespérément; c'est mon milicien qui essaie de lutter, mais en vain, contre l'impitoyable courant; il ne résistera pas longtemps et je vais me jeter à l'eau pour tenter de le sauver; je le vois emporté comme un fétu de paille; je pense alors au poids et à la lenteur relative de notre radeau. Evidemment, si j'essaie de sauver ce malheureux, le courant m'entraînera aussi, sans espoir de le rejoindre; puis, s'il m'arrivait quelque accident, que deviendraient les hommes confiés à ma garde? La chute de l'homme, ces pensées, tout ceci n'a duré que l'espace d'un éclair, et, au bord du radeau, prêt encore à me lancer au secours du malheureux, je le vois rouler dans le sable et l'eau. Enfin, il a pied, mais la violence du courant l'empêche de se tenir debout et il roule de nouveau. Je viens d'apercevoir des lauriers roses qui croissent sur ces bas-fonds, il en est à proximité, s'il réussit à les atteindre, il est sauvé, et, tandis qu'il jette des regards éperdus vers nous, je lui crie : « A gauche! à gauche! » et, du geste, je lui indique les lauriers roses; la voix s'est perdue, mais il a vu le geste et il aperçoit à son tour les arbrisseaux.

Mais les radeaux ont marché, et bientôt nous passons devant les lauriers roses, et je vois, à ma grande joie, que mon homme s'y est accroché et qu'il est hors de tout danger; trop loin de nous pour que la voix lui parvienne, je lui fais signe de descendre la berge dans la direction suivie par nous.

Pendant ces entrefaites, nos radeaux traînant sur le sable, poussés par le courant, franchissaient le rapide; les hommes, terrorisés par cette aventure, qui avait un instant pris la tournure d'un drame, et qui venait si subitement de se dérouler à leurs yeux, étaient demeurés terrifiés et je compris, dès cet instant, que je n'avais plus beaucoup à compter sur eux. Je m'armai donc d'une grande perche en bambou afin de diriger notre radeau, et comme le deuxième passait à portée de voix, je recommandai à ses passagers d'atterrir au plus tôt; de notre côté, nous fîmes tous nos efforts pour aborder, mais ce ne fut qu'au bout de quarante minutes d'une lutte prodigieuse au milieu des rapides où nous parvînmes à éviter des chocs multiples et aborder sur la rive gauche, rive où le milicien tombé à l'eau avait pris pied.

Je remarquai que nous avions atterri juste en face les cultures d'un village; une trentaine d'indigènes, hommes et femmes, qui s'y trouvaient occupés dans les champs, s'enfuirent à notre vue. La Providence nous venant en aide permit que le second radeau réussît à aborder à quelques cents mètres au-dessous du mien, et cela sur la même rive. Il était en ce moment onze heures quarante du matin et nous étions tous transis de froid, car depuis plus de trois heures nous étions dans l'eau.

Pour réchauffer mes hommes, mon premier soin, une fois à terre, fut de faire faire un grand feu et de préparer du thé, qui, arrosé de quelques gouttes d'eau-de-vie, nous fit à tous le plus grand bien; pendant que le riz nécessaire au repas était en train de cuire les radeaux furent rapidement déchargés. Le soleil, que nous n'avions pas vu depuis longtemps, se montre enfin pour nous sécher. Après avoir pris quelque nourriture à la hâte, je pars accompagné de l'interprète et de deux miliciens à la recherche du linh tombé dans le fleuve ; nous nous heurtons, en voulant suivre la berge, à un fouillis inextricable de lianes, de ronces et de bambous épineux, qui nous empêchent d'avancer; nos vêtements sont bientôt en lambeaux, et, pourtant, il nous faut suivre la rive autant que possible, si nous voulons retrouver rapidement celui qui manque à l'appel. Après avoir contourné un massif, nous apercevons tout à coup sur l'autre rive une soixantaine de Moïs armés de lances; aussitôt nous les appelons, mais le son de notre voix se perd dans le mugissement du fleuve frappant les rochers ; ils nous voient alors et nous leur faisons des signes pour leur faire comprendre que nous désirons aller vers eux; aussitôt, deux des leurs s'élancent dans une pirogue et se dirigent vers nous. J'y embarque seul avec l'interprète, car la pirogue est bien petite, et nous gagnons le large, lorsque, parvenus à peu près au milieu du fleuve, nous nous trouvons auprès d'un énorme quartier de roc qui défie la fureur des eaux, en créant autour de lui un remous formidable. A peine la pirogue y est-elle entrée qu'une certaine quantité d'eau s'embarque dans notre frêle embarcation; elle continue son chemin, lorsqu'une deuxième vague la remplit aux trois quarts d'eau; enfin, on arrive à l'abri du rocher, mais pas assez vite pour empêcher que l'eau n'entre une troisième fois dans la pirogue.

L'embarcation n'émerge plus que de trois ou quatre centimètres au-dessus de l'eau; le moindre faux mouvement et nous sommes perdus. L'interprète Tri conserve fort heureusement son sang-froid; toutefois, je lui crie de demeurer immobile et de ne pas avoir peur; pendant ce temps, et malgré un brûlant soleil qui risque de me foudroyer en une seconde, j'enlève mon casque, et avec cette écope d'un nouveau genre, je me mets en devoir de vider automatiquement notre embarcation et j'ai le plaisir de la voir sortir progressivement de l'eau.

Durant ce travail, nos bateliers s'étaient tenus à l'abri du rocher et, d'autre part, les Moïs restés sur la rive ayant vu le danger que nous courions, nous envoyaient une seconde pirogue où je fis embarquer l'interprète, et le passage du second remou put s'effectuer sans encombre. Aussitôt à terre, je m'entendis avec ce parti de Moïs pour que quatre d'entre eux aillent à la recherche du linh, et au cas où ils le retrouveraient et afin qu'il les suivît sans défiance, je leur remis un carré de papier blanc où figurait ma signature au crayon bleu (signe conventionnel entre moi et mes hommes pour qu'ils aient à exécuter les ordres transmis par le porteur de ladite signature) (1). L'interprète leur ayant bien recommandé de remettre le précieux papier au linh, ils se mirent en route remontant avec leur pirogue la rive gauche du fleuve, puis, quelques coups de fusil furent tirés en l'air, afin que le milicien peut-être égaré non loin de là puisse reconnaître notre position. Je regrettais

(1) C'est ainsi que j'avais fait rentrer au poste de Dak Rödé les deux linhs laissés à la garde des bagages à Kéuiong Dak-Ouang, aucun de mes hommes ne connaissant les caractères annamites.

vivement de ne pouvoir moi-même rechercher celui qui nous manquait; mais, étant le seul chef de ma petite troupe, je ne pouvais la laisser aux prises avec l'imprévu; il fallut m'occuper de faire traverser le restant de l'escorte et ensuite nos bagages, et il était près de quatre heures lorsque nous atteignons le village de Dak Lân, accompagnés d'un violent orage.

C'est avec un vif sentiment de satisfaction que nous entrons dans la maison commune où brille un feu clair; enfin, nous sommes à l'abri et allons pouvoir nous sécher tant bien que mal, et j'aurais été tout à fait heureux si mon diable de milicien avait été là, car je ne comprenais pas son retard et je commençais à m'en inquiéter. Peu à peu nos bagages arrivaient portés par les habitants, et ayant fait l'inventaire de mes colis, je constatais avec plaisir que malgré les péripéties de notre traversée nous n'avions rien perdu, mais en revanche tout était trempé, les poulets enfermés dans leur petite cage de bambou étaient morts noyés; dans un sac où j'avais enfermé quinze kilos de sel environ, il ne restait, hélas! qu'une bouillie, quatre ou cinq kilos au plus.

Il y avait à peine une heure que nous étions dans cet hospitalier village où tous les habitants s'empressaient autour de nous, lorsqu'enfin arriva mon pauvre linh; je le félicitai chaudement sur sa présence d'esprit et ses camarades le criblèrent de questions.

Voici ce qu'il nous apprit: des branchages de lauriers roses où nous l'avions vu se cramponner, il avait aisément gagné la rive, et guidé par les coups de feu, il traversait la forêt un peu au large du fleuve, lorsqu'il se trouva tout à coup sur les bords d'un champ de maïs ; après avoir hésité uu instant, il s'y engagea résolument, se rapprochant ainsi toujours de nous. Il n'avait pas fait cent mètres, qu'en un clin d'œil il était entouré d'une quinzaine de Moïs qui, la lance haute, le menaçaient. Dans l'impossibilité de se défendre où il se trouvait, notre homme eut une idée géniale, il se rappela soudain le nom donné par les sauvages au R. P. Guerlach, et il se mit à crier : « Bocagne ! Bocagne ! ». Aussitôt les lances s'abaissèrent, les ennemis devinrent des amis, et grâce au seul nom du vénéré missionnaire, mon milicien se vit bien accueilli. Les sauvages l'emmenèrent à leur village où après lui avoir donné de quoi se couvrir un peu, car au moment de l'accident il n'avait rien sur lui voulant être plus libre de ses mouvements, ils lui offrirent ensuite de se réconforter, ce qu'il accepta de grand cœur, et c'est dans ce village que les quatre Moïs que j'avais envoyés à sa recherche le trouvèrent. Dès que ces derniers lui eurent fait voir le papier portant ma signature, il se mit en route avec eux : le nom de Bocagne et le papier avaient fait merveille. De leur côté, les braves habitants de Dak Lân m'avaient tiré d'un fameux embarras; aussi, tous les articles d'échange qui ne m'étaient pas nécessaires pour mon retour leur furent-ils donnés avec plaisir, car sans eux nous aurions été obligés de passer la nuit à la belle étoile, sous une pluie torrentielle qui ne cessait de tomber. L'interprète apprit des habitants que, si nous avions continué à descendre le Krong Pocö, nous aurions trouvé à une demi-heure environ du point où nous avions atterri une cataracte où les eaux du fleuve faisaient une chute de quinze mètres environ, et là un miracle seul eût pu nous sauver,

L'état lamentable de nos provisions, les orages qui se succédaient sans interruptions, les torrents grossis et rendus infranchissables menaçant ainsi de me bloquer dans un village me faisaient un devoir impérieux de rentrer au plus vite au poste. Je m'entendis donc avec le chef de village pour le transport du peu de bagages qui me restait; ce dernier ne voulait pas que nous partions, nous répétant sans cesse que nous ne pourrions pas passer ; enfin vers dix heures du soir, après que le départ eut été fixé pour le lendemain matin, je pus m'étendre sur le plancher de la caï nha, quant à nos couvertures il n'y fallut pas songer car elles étaient encore toutes trempées; la nuit se passa tant bien que mal, à chaque instant c'était un des nôtres qui se réveillait glacé par le froid et l'humidité des vêtements qui nous recouvraient. Avec le jour, la pluie qui tombait depuis la veille au soir cessa brusquement et nous pûmes nous mettre en route, non sans avoir remercié ces braves gens de leur cordiale hospitalité; nous dirigeons nos pas sur Yan Lô, le sentier qui y conduit bien que peu fréquenté serait bon s'il n'était pas détrempé et frayé sur une terre grasse où les Moïs eux-mêmes marchent péniblement.

Il n'y avait pas une demi-heure que nous étions en route qu'une pluie torrentielle se déversait sur nos épaules, ce qui me gênait considérablement pour mon levé topographique; nous atteignons ainsi le Dak Kal que nous avions passé quelques jours auparavant n'ayant de l'eau que jusqu'aux genoux, mais maintenant c'était bien une autre affaire, la petite rivière avait considérablement grossi et un porteur qui avait pénétré dans ses eaux perdit bientôt pied mais heureusement pour lui en quelqués brasses il put regagner la rive. Nous étions aux prises avec un obstacle imprévu et pourtant il fallait passer, les porteurs se regardaient entre eux, se demandant ce que j'allais faire ; sans perdre un instant, je fis couper quelques troncs de bananiers, des lianes et deux longs rotins, dont les spécimens encombraient pour ainsi dire ces bas fonds, et dix minutes après nous commencions notre radeau.

Il était formé de troncs de bananiers reliés entre eux par de fortes branches, le tout noué avec des lianes, un milicien traverse alors la rivière à la nage, emportant un long rotin dont une extrémité est fixée au radeau déjà chargé de nos bagages. La moitié des porteurs et des miliciens passera à la nage et ira haler le radeau que de notre côté nous retiendrons contre le courant avec un second rotin faisant l'office de corde ; nous lançons notre embarcation improvisée dans la rivière, et nous voyons avec plaisir réussir le passage de nos bagages. Maintenant, à notre tour de traverser et c'est sous une pluie battante, les pieds dans la boue où les sangsues sont chez elles qu'il faut se revêtir. Ouf ! c'est terminé, j'en suis bien aise car un instant j'avais cru ne pouvoir passer ; un bon chemin sous bois vient nous récompenser de nos efforts et nous avançons rapidement tout en bataillant constamment contre les sangsues ; vers midi, nous apercevons non loin de nous, le village de Yan Lô où nous entrons peu après. Nous étions dans un tel état qu'il ne fallait pas songer à repartir le soir même, il pleuvait toujours et nous avions encore une grande journée de marche pour atteindre le poste ; cette après midi fut donc employée au lavage et séchage des vêtements et couvertures pendant que je mettais mes notes à jour. Depuis mon passage dans ce village, rien de nouveau ne s'était produit ; le chef à qui je voulais payer du riz, acheté pour mes linhs, ne voulut rien accepter en paiement et m'offrit au contraire un morceau de bambou dont l'intérieur était rempli de miel.

Le lendemain matin 11 juin tout réconfortés par une bonne nuit de repos, par des vêtements secs sur le dos et accompagnés d'un bon rayon de soleil nous reprenions gaiement la route du poste, route déjà suivie à l'aller. Par conséquent, je n'avais pas besoin d'en faire à nouveau le levé topographique j'entrevoyais donc pour moi dans cette journée de marche une longue promenade.

Ce rayon de soleil ranime les miliciens, qui malgré ces trois journées passées presque entièrement dans l'eau marchent à une fière allure, ils causent et rient entre eux, on voit qu'ils sont heureux de rentrer à leur poste; nous déjeunons au campement siamois, mais cette fois aucune averse ne vient nous déranger et vers cinq heures du soir nous arrivons au poste non sans avoir subi un assaut formidable de la part des sangsues. Tous les quarts d'heure j'en enlevais une quarantaine, par paquets de cinq ou six : elles étaient collées dans les plis des chaussures et du pantalon; certes, j'en avais déjà rencontré en quantité mais jamais il ne m'avait été donné d'en voir autant que pendant ce retour; plusieurs fois j'en ai trouvé auprès des arbres renversés en travers du sentier; elles recouvraient une circonférence égale à celle d'une assiette et parfois plus.

De retour au poste je trouvai ma petite garnison en bonne santé et le linh que j'avais renvoyé malade de Dak Plung était presque rétabli; j'entretenais l'activité des hommes par un peu d'exercice et quelques corvées afin de les empêcher de trop penser au retour; quant à moi, je mettais mes notes et mon travail à jour, car j'étais rivé à mon poste par les orages qui se succédaient presque sans interruption, et d'ailleurs, pour sortir maintenant, il m'eût fallu au moins quinze jours d'absence. En outre, il me fallait les articles d'échange nécessaires, et ma provisision en était épuisée. Je me décidai à faire un voyage à Kon Tum pour trouver si possible à ravitailler mon détachement avec quelques comestibles annamites, m'y ravitailler moi-même et voir s'il y aurait moyen d'organiser une petite colonne ayant pour but d'atteindre Attopeu.

Je quittai donc Dak Rödé le 21, et je gagnai Kon Tum où je trouvai les provisions qui nous étaient nécessaires : quant au voyage sur Attopeu il n'y fallait pas songer du moins pour le moment car les articles d'échanges confiés aux bons soins de la mission catholique se trouvaient complètement épuisés et il était impossible de s'en procurer sur place; je regagnai donc mon poste où j'arrivai le 25.

Sur les instances de D'jogoun, le chef des Halangs qui désirait voir Kon Tum, je l'avais emmené avec moi ; il faut dire ici, que chaque fois que D'jogoun m'avait accompagné, nous étions toujours passés entre deux orages et comme nous venions de gagner Kon Tum et d'y demeurer deux jours sans qu'il plût, — cela pour une bonne raison, c'est que la saison des pluies était en retard d'un mois sur les années précédentes, — ceci paraissait surnaturel au bon sauvage et il en déduisit l'idée, qu'il confia du reste au père Guerlach, que je devais être le fils du dieu du feu et du dieu de l'eau ; il va sans dire que nous en avons bien ri avec le R. P.; c'était une idée extravagante qui ne pouvait éclore que dans la cervelle d'un brave Halang, qui certes m'a rendu de grands services.

J'étais au camp m'ennuyant de mon inactivité lorsque le 30 juin au soir, un courrier à cheval expédié par la mission catholique, m'apporta l'ordre de rentrer en Annam, aussitôt je prévins les habitants de la région que j'allais les quitter, leur donnant comme motif que la grande saison des pluies était proche et qu'en conséquence les Siamois ne pourraient pas revenir faire d'incursion chez eux, j'ajoutai qu'au beau temps je reviendrais sûrement.

Les villages les plus proches voulurent alors offrir chacun une fête ; j'eus toutes les peines à les en dissuader et pour satisfaire tout le monde je leur annonçai que nous en ferions une générale au camp. Le 3 juillet au matin, jour annoncé pour les réjouissances, un bœuf magnifique est apporté par un groupe d'habitants des villages de Dak Rödé, Peleï Kram et Peleï Gia, suivent les jarres pour le vin de riz ; d'autres indigènes apportent qui, des poulets, qui du poisson, des œufs, du tabac, du miel, des bananes conservées dans de longs tubes de bambous (1). Tout ce monde arrive en causant et riant, c'est bientôt dans le poste un brouhaha assourdis-

(1) La préparation en est bien simple : la banane mûre juste à point, est coupée en petites tranches dans le sens de la longueur, puis on la laisse exposée au soleil, une fois sèche elle est remise par petits paquets dans un bambou femelle de 80 centimères de long où elle est fortement compressée, l'orifice du bambou est ensuite recouvert de feuilles de bananiers et l'on accroche le tout en l'air, juste au-dessus du foyer ; deux ou trois mois après on peut manger ; le goût ressemble à celui d'excellentes figues.

sant ; plus de trente foyers sont en activité, le bois pétille et flambe et au milieu de tous ces Moïs, les miliciens circulent de groupe en groupe se parlant par gestes et, riant aux éclats. Moïs et Annamites s'offrent, qui, une cigarette, qui, une pipe de tabac ; bref tout cela n'empêche pas les préparatifs dufestin de marcher rondement, car tout le monde s'en occupe.

Tout à coup, je vois entrer dans le poste D'jogoun et sa femme accompagnés de treize jeunes gens, précédés d'un petit vieux à l'air très malicieux; tous sont armés de gongs et parés d'habits de fête, en étoffe rouge; ils portent, rattachées au peigne fixé dans leur chignon, des plumes rouges et blanches, dont l'effet est le plus pittoresque, leurs boucles d'oreilles, sorte d'anneaux en étain, ont été, pour la circonstance, rendus très brillants, de sorte qu'on peut les prendre pour de l'argent.

J'invite D'jogoun à monter dans ma case ainsi que sa femme qui porte précieusement un petit paquet entouré de feuilles de bananier; ils s'assoient sur le plancher et placent devant eux ledit paquet qui commence à m'intriguer; pendant ce temps, les joueurs de gongs se sont formés en file indienne, les plus petits devant, le chef de la troupe leur faisant face, ils commencent alors une ronde autour de ma case, la cadence en est parfaitement rythmée, puis, peu à peu, le pas s'accélère, les gongs vibrent plus fort, mais toujours avec beaucoup de justesse; enfin, la ronde prend une allure échevelée, et, progressivement, redevient lente comme un bercement pour, de nouveau, s'accélerer et ainsi de suite. Le chef de la troupe, tout en marchant constamment à reculons, fait mille pantomimes accompagnées de gambades qui amusent beaucoup les spectateurs;

pendant ces entrefaites D'jogoun, à qui j'ai offert un peu de cognac, le hume bien lentement en connaisseur tout en continuant à causer; enfin, il se décide, à en sacrifier une larme qu'il donne à sa compagne ; celle-ci fait une terrible grimace tout en faisant signe que c'est fort bon, car elle se passe avec délices les mains sur sa poitrine et fait claquer fortement sa langue.

Les deux chefs de Peleï Kram et Peleï Gia se présentent à leur tour et témoignent par la même mimique de la satisfaction qu'ils éprouvent en dégustant mon eau-de-vie; c'est alors que D'jogoun me fait dire d'accepter le précieux petit paquet, et mon boy l'ayant placé sur une assiette enlève les feuilles qui entourent son contenu ; mais, oh horreur ! au même instant une fourmilière d'énormes vers blancs s'offre à ma vue, grouillant sur un morceau de sanglier, en même temps qu'une odeur nauséabonde se répand dans la caï nha. J'étais un peu surpris, je l'avoue, mais l'interprète m'affirma que c'était un superbe cadeau aux yeux des Moïs ; les gongs continuaient leur charivari, pendant que les chefs donnaient les derniers ordres pour l'apprêt du festin qui allait commencer. Pour ouvrir la fête, je fus obligé d'absorber à chaque jarre une certaine quantité du fameux vin de riz, car, ici, on ne me faisait grâce d'aucune, je m'en acquittai de mon mieux. Les gongs avaient cessé de résonner et, pendant que tout ce monde absorbait toutes sortes d'aliments, j'allai déjeuner.

La fête se continua ensuite par un concours de tir au fusil de chasse à la carabine et à l'arc; quelques piastres (1) qui me restaient furent transformées en

(1) Monnaie d'Indo-Chine.

prix, ainsi que quelques menus objets; l'adresse de l'un des Moïs me parut vraiment merveilleuse, à cinquante mètres, il atteignait chaque fois un petit cercle du diamètre d'une pièce de cinq francs. Pendant tous ces divertissements, les inévitables gongs résonnaient de plus belle; les Annamites faisaient la partie de cartes, d'autres Moïs se distrayaient de mille façons différentes; on riait, on causait, et le vin de riz aidant, on gambadait; ils parurent beaucoup s'amuser, la journée se passa ainsi, et vers cinq heures tous ces indigènes regagnaient leurs différents villages. Cette petite fête m'avait fait le plus grand plaisir, car elle me démontrait que l'on pourrait revenir, si besoin était, dans le pays sans avoir à craindre l'hostilité des habitants.

Dans l'après-midi du 5 juillet, les chevaux de bât que j'avais prié le chef de la mission catholique de m'envoyer arrivèrent, et le 6 au matin j'abandonnais Dak Rödé, non sans une pointe de tristesse au cœur, car insensiblement je m'étais attaché à ce petit coin de forêt où j'avais, à côté des privations, connu de fortes joies; les habitants eux-mêmes avaient toujours été prévenants pour nous, et à leur tête D'jogoun. Toutefois, si je ressentais quelque tristesse à quitter ces lieux, il n'en était pas de même de mon détachement, qui était prêt avant le jour, brûlant d'impatience en attendant le départ.

Le 8 au soir nous arrivions à Kon Tum; tous les villages que nous venions de traverser nous avaient témoigné la plus vive sympathie, plusieurs d'entre eux, notammenl Peleï Kebaï et Peleï Kleng, m'offrirent de me construire un poste à l'emplacement que je désirerais et s'engagèrent à nourrir le détachement. Je remerciai tous ces braves gens, et pour les rassurer leur promis de revenir au commencement du beau temps, soit dans le courant de janvier.

Je passai la journée suivante à Kon Tum, où j'eus le plaisir de rencontrer les R. P. Guerlach, Irigoyen, Poyet et Jarry; je passai en leur compagnie une journée charmante, et sur le soir, chaque père devant rejoindre sa chrétienté, je les remerciai très chaleureusement du précieux concours qu'ils nous avaient si souvent prêté, et qui nous avait été si utile.

Le lendemain matin, nous quittions Kon Tum et nous prenions, au grand plaisir de mes linhs, la route de Binh-Dinh. Notre convoi avait tout-à-fait bon air, avec ses trois éléphants porteurs et sa douzaine de chevaux de bât; puis je n'avais aucun malade dans mon détachement, tout le monde était alerte et gai, ce qui me faisait grand plaisir.

Notre première journée de marche s'effectua sans encombre, mais il n'en fut pas de même les jours suivants où la pluie ne cessa de nous accompagner jusqu'au col de An Khé. Nous arrivâmes à ce col par une gorge sauvage en suivant le lit d'un torrent presque à sec, puis après avoir contourné quelques ondulations entièrement couvertes d'une épaisse forêt, nous eûmes à gravir une pente très douce que l'on monte aisément à cheval, qui nous conduisit au point culminant. Là, tout à coup, un panorama immense se montre à nos yeux, c'est l'Annam, avec ses forêts, ses vallées et ses mamelons, plus loin, l'océan Indien dont la ligne bleue se confond avec l'horizon.

Là, s'arrête le plateau du Laos, le terrain s'affaisse brusquement par des contreforts à pic qui descendent en Annam ; à nos pieds apparaissent de minuscules collines ainsi qu'un mince filet d'eau, quelques taches de vert sombre dans le lointain, ce sont des villages annamites. A la première bourgade nous laissions les éléphants et les chevaux qui allaient attendre un convoi de vivres pour la mission catholique, et les coolies annamites s'emparent alors de nos bagages.

Ici, un soleil resplendissant, même très chaud, remplace la pluie des jours précédents, mais personne ne songe à s'en plaindre et nous avançons rapidement.

Nous passons le 14 juillet au village de Ta Biang où les mandarins, en l'honneur de notre grande fête nationale, m'apportèrent les présents : quartiers de porcs, poulets, bananes, œufs, mandarines, etc., tout cela vint grossir l'ordinaire de mon détachement à qui j'avais offert un bœuf. Mes hommes s'accomodaient très bien de toutes ces victuailles. Ils passèrent joyeusement la journée, et le lendemain la marche fut reprise sur une très bonne route; enfin le 17 dans la matinée nous faisions notre entrée dans la citadelle de Binh Dinh, j'y passai la fin de la journée en compagnie d'Européens, et le lendemain je continuais sur le port Qui-Nhon, où je comptais prendre l'annexe des Messageries qui devait me rapatrier à Tourane.

Nous arrivons enfin à Qui-Nhon vers quatre heures du soir, moi et mes hommes en parfaite santé.

Là s'arrêtait ma mission, et le 31 juillet au soir, l'*Aréthuse* me déposait dans le port de Tourame, après une absence de cinq mois et cinq jours.



Paris. — Soc. anonyme, Imp. Kugelmann, G. Balitout, directeur

www.ingramcontent.com/pod-product-compliance
Ingram Content Group UK Ltd.
Pitfield, Milton Keynes, MK11 3LW, UK
UKHW021111200726
13857UKWH00003B/1184

9 782012 989856